MEHR
... Sprungkraft f
start.

1 Vektorrechnung und analytische Geometrie

$\overrightarrow{AB}$:	Vektor zwischen den Punkten A und B
$\vec{o}$:	Nullvektor
$\lvert\vec{a}\rvert$:	Länge (Betrag) von Vektor $\vec{a}$
$\vec{a} \cdot \vec{b}$:	Skalarprodukt der Vektoren $\vec{a}$ und $\vec{b}$
$\vec{a} \times \vec{b}$:	Vektorprodukt (Kreuzprodukt) der Vektoren $\vec{a}$ und $\vec{b}$
$\vec{n}$:	Normalenvektor einer Geraden/Ebene
$\vec{n}_0$:	Normaleneinheitsvektor einer Geraden/Ebene

1.1 Vektorräume

Definition eines Vektorraumes:

Eine nichtleere Menge V heißt Vektorraum über den reellen Zahlen $\mathbb{R}$, wenn

(a) für deren Elemente (den Vektoren) $\vec{a}, \vec{b}, ...$ eine Addition $\vec{a} + \vec{b} \in V$ und eine Multiplikation mit den reellen Zahlen $r \cdot \vec{a} \in V$ definiert ist und

(b) für beliebige $\vec{a}, \vec{b}, \vec{c} \in V$ und $r, s \in \mathbb{R}$ gilt:

(1) $\vec{a} + \vec{b} = \vec{b} + \vec{a}$ (Kommutativgesetz der Addition)

(2) $(\vec{a} + \vec{b}) + \vec{c} = \vec{a} + (\vec{b} + \vec{c})$ (Assoziativgesetz der Addition)

(3) Es gibt ein Element $\vec{o} \in V$, so dass für jeden $\vec{a} \in V$ gilt:
$\vec{a} + \vec{o} = \vec{a}$ (Nullelement der Addition)

(4) Zu jedem $\vec{a} \in V$ existiert ein $-\vec{a} \in V$, so dass gilt:
$\vec{a} + (-\vec{a}) = \vec{o}$ (Inverses Element der Addition)

(5) $1 \cdot \vec{a} = \vec{a}$ (Einselement)

(6) $r(s\vec{a}) = (rs)\vec{a}$ (Assoziativgesetz der Multiplikation)

(7) $(r + s)\vec{a} = r\vec{a} + s\vec{a}$ (Distributivgesetz)

(8) $r(\vec{a} + \vec{b}) = r\vec{a} + r\vec{b}$ (Distributivgesetz)

Inhaltsverzeichnis

Hinweis: Eine für alle Schulen einheitliche Symbolisierung ist leider nicht realisierbar. Insofern bitten wir um Verständnis, falls die Symbole dieser Formelsammlung nicht immer mit den Ihrigen übereinstimmen.

Sollten Sie Fehler finden oder Ergänzungsvorschläge haben, teilen Sie uns dieses bitte umgehend mit. Wir werden Ihre Hinweise schnellstmöglich einbinden. Eine aktuell überarbeitete Fassung dieser Formelsammlung finden Sie ständig unter **www.mathematik-formelsammlung.de**. Dort steht sie Ihnen als PDF zum kostenlosen Download zur Verfügung. Wir wünschen Ihnen weiterhin viel Erfolg auf Ihrem Weg zum Abitur.

Linearkombination:

Ein Vektor $\vec{b}$ heißt Linearkombination der Vektoren $\vec{a}_1, \vec{a}_2, ..., \vec{a}_n$ mit den Koeffizienten $r_1, r_2, ..., r_n$ $(r_i \in \mathbb{R})$, wenn gilt:

$\vec{b} = r_1\vec{a}_1 + r_2\vec{a}_2 + ... + r_n\vec{a}_n$

Lineare Unabhängigkeit:

Die Vektoren sind genau dann linear unabhängig, wenn die Gleichung $r_1\vec{a}_1 + r_2\vec{a}_2 + ... + r_n\vec{a}_n = \vec{o}$ mit $r_i \in \mathbb{R}$ nur für $r_1 = r_2 = ... = r_n = 0$ lösbar ist. Ist dies nicht der Fall, sind die Vektoren linear abhängig. Sind zwei/drei Vektoren linear abhängig, so bezeichnet man diese als kollinear/komplanar.

Basis eines Vektorraumes:

Die Vektoren $\vec{a}_1, \vec{a}_2, ..., \vec{a}_n$ nennt man Basisvektoren des Vektorraumes V, wenn sie linear unabhängig sind und jeder Vektor $vec(x) \in V$ als Linearkombination der Vektoren $\vec{a}_1, \vec{a}_2, ..., \vec{a}_n$ darstellbar ist.

Dimension eines Vektorraumes:

Die Dimension n eines Vektorraumes V ist gleich der Anzahl der Basisvektoren von V.

1.2 Vektoren

Definitionen:

Vektor:
Eine Menge von Pfeilen, die die gleiche Richtung, die gleiche Länge (Betrag) und denselben Richtungssinn haben, stellen den gleichen Vektor dar. Jeder Pfeil dieser Menge ist ein Repräsentant des Vektors.

Nullvektor:
Der Nullvektor $\vec{o}$ hat den Betrag 0 und eine unbestimmte Richtung.

Einheitsvektor:
Der Einheitsvektor hat den Betrag 1 und eine beliebige Richtung.

Gegenvektor:
Der Gegenvektor $\vec{b}$ des Vektors $\vec{a}$ hat die gleiche Richtung und die gleiche Länge wie $\vec{a}$, jedoch den entgegengesetzten Richtungssinn.
Es gilt: $\vec{a} = -\vec{b}$

Koordinatendarstellung eines Vektors:

$$\vec{a} = \begin{pmatrix} a_x \\ a_y \\ a_z \end{pmatrix} \qquad a_x, a_y, a_z\text{: Koordinaten von } \vec{a}$$

Komponentendarstellung eines Vektors:

Sind $\vec{e}_1, \vec{e}_2$ und $\vec{e}_3$ die Einheitsvektoren in Richtung der Koordinatenachsen, dann lautet die Komponentendarstellung folgendermaßen:

$$\vec{a} = a_x\vec{e}_1 + a_y\vec{e}_2 + a_z\vec{e}_3 \qquad a_x\vec{e}_1, a_y\vec{e}_2, a_z\vec{e}_3\text{: Komponenten von } \vec{a}$$

Ortsvektor:

Der Ortsvektor $\vec{p}$ des Punktes $P(p_x; p_y; p_z)$ ist der Vektor zwischen dem Koordinatenursprung 0 und Punkt P:

$$\vec{p} = \overrightarrow{0P} = \begin{pmatrix} p_x \\ p_y \\ p_z \end{pmatrix} = p_x\vec{e}_1 + p_y\vec{e}_2 + p_z\vec{e}_3$$

Vektor zwischen zwei Punkten:

Vektor von Punkt $A(a_x; a_y; a_z)$ zu Punkt $B(b_x; b_y; b_z)$:

$$\overrightarrow{AB} = \overrightarrow{0B} - \overrightarrow{0A} = \vec{b} - \vec{a} = \begin{pmatrix} b_x \\ b_y \\ b_z \end{pmatrix} - \begin{pmatrix} a_x \\ a_y \\ a_z \end{pmatrix} = \begin{pmatrix} b_x - a_x \\ b_y - a_y \\ b_z - a_z \end{pmatrix}$$

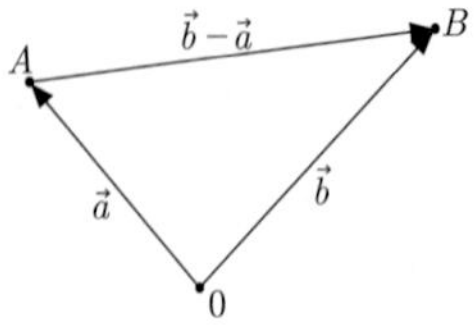

Länge (Betrag) eines Vektors:

Länge des Vektors $\vec{a}$: $|\vec{a}| = \left| \begin{pmatrix} a_x \\ a_y \\ a_z \end{pmatrix} \right| = \sqrt{a_x^2 + a_y^2 + a_z^2}$

Länge des Vektors $\overrightarrow{AB}$: $|\overrightarrow{AB}| = \sqrt{(b_x - a_x)^2 + (b_y - a_y)^2 + (b_z - a_z)^2}$

1.3 Operationen mit Vektoren

Addition und Subtraktion:

$$\vec{a} \pm \vec{b} = \begin{pmatrix} a_x \\ a_y \\ a_z \end{pmatrix} \pm \begin{pmatrix} b_x \\ b_y \\ b_z \end{pmatrix} = \begin{pmatrix} a_x \pm b_x \\ a_y \pm b_y \\ a_z \pm b_z \end{pmatrix}$$

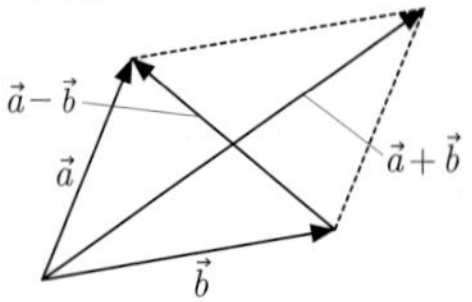

Multiplikation mit einer reellen Zahl:

$$r\vec{a} = r \begin{pmatrix} a_x \\ a_y \\ a_z \end{pmatrix} = \begin{pmatrix} ra_x \\ ra_y \\ ra_z \end{pmatrix}$$

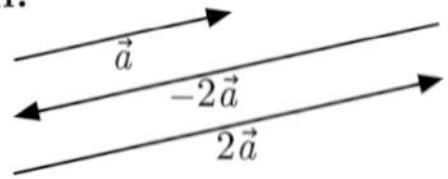

Skalarprodukt:

Das Skalarprodukt $\vec{a} \cdot \vec{b}$ ist eine reelle Zahl:

$$\vec{a} \cdot \vec{b} = |\vec{a}| \cdot |\vec{b}| \cdot \cos\sphericalangle(\vec{a}; \vec{b}) = \begin{pmatrix} a_x \\ a_y \\ a_z \end{pmatrix} \cdot \begin{pmatrix} b_x \\ b_y \\ b_z \end{pmatrix} = a_x b_x + a_y b_y + a_z b_z$$

Eigenschaften:

$\vec{a} \cdot \vec{b} = 0 \quad \Leftrightarrow \quad \vec{a} \perp \vec{b}$		mit $\vec{a}, \vec{b} \neq \vec{o}$
$\vec{a} \cdot \vec{b} = \vec{b} \cdot \vec{a}$		(Kommutativgesetz)
$(\vec{a} + \vec{b}) \cdot \vec{c} = \vec{a} \cdot \vec{c} + \vec{b} \cdot \vec{c}$		(Distributivgesetz)
$r\vec{a} \cdot \vec{b} = r(\vec{a} \cdot \vec{b})$		mit $r \in \mathbb{R}$
$\sqrt{\vec{a} \cdot \vec{a}} = |\vec{a}|$		

Vektorprodukt (Kreuzprodukt):

$$\vec{a} \times \vec{b} = \begin{pmatrix} a_x \\ a_y \\ a_z \end{pmatrix} \times \begin{pmatrix} b_x \\ b_y \\ b_z \end{pmatrix} = \begin{pmatrix} a_y b_z - a_z b_y \\ a_z b_x - a_x b_z \\ a_x b_y - a_y b_x \end{pmatrix}$$

Das Vektorprodukt $\vec{a} \times \vec{b}$ ergibt einen Vektor. Es gilt:

(1) $\vec{a}, \vec{b}$ und $\vec{a} \times \vec{b}$ bilden in dieser Reihenfolge ein Rechtssystem.

(2) $\vec{a} \times \vec{b}$ ist jeweils orthogonal zu $\vec{a}$ und $\vec{b}$.

(3) $|\vec{a} \times \vec{b}| = |\vec{a}| \cdot |\vec{b}| \cdot \sin\sphericalangle(\vec{a};\vec{b})$ mit $\sphericalangle(\vec{a};\vec{b}) = \varphi$

Eigenschaften:

$\vec{a} \times \vec{b} = -(\vec{b} \times \vec{a})$ (Alternativgesetz)

$r(\vec{a} \times \vec{b}) = (r\vec{a}) \times \vec{b} = \vec{a} \times (r\vec{b})$ mit $r \in \mathbb{R}$

$\vec{a} \times (\vec{b} + \vec{c}) = (\vec{a} \times \vec{b}) + (\vec{a} \times \vec{c})$ (Distributivgesetz)

Flächeninhalte:

Flächeninhalt A des von $\vec{a}$ und $\vec{b}$ aufgespannten Parallelogramms:

$A = |\vec{a} \times \vec{b}| = |\vec{a}| \cdot |\vec{b}| \cdot \sin(\varphi)$

Flächeninhalt A des von $\vec{a}$ und $\vec{b}$ aufgespannten Dreiecks:

$A = \frac{1}{2}|\vec{a} \times \vec{b}| = \frac{1}{2}|\vec{a}| \cdot |\vec{b}| \cdot \sin(\varphi)$

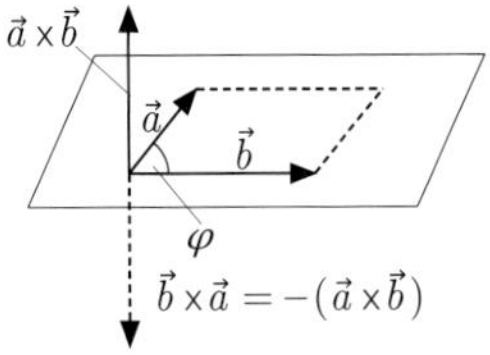

Spatprodukt:

$$(\vec{a} \times \vec{b}) \cdot \vec{c} = (a_y b_z - a_z b_y)c_x + (a_z b_x - a_x b_z)c_y + (a_x b_y - a_y b_x)c_z$$

$$= \begin{pmatrix} a_y b_z - a_z b_y \\ a_z b_x - a_x b_z \\ a_x b_y - a_y b_x \end{pmatrix} \cdot \begin{pmatrix} c_x \\ c_y \\ c_z \end{pmatrix}$$

Das Spatprodukt ist eine reelle Zahl.

Der Betrag des Spatprodukts ist gleich dem Volumen V des von $\vec{a}, \vec{b}$ und $\vec{c}$ aufgespannten Spates:

$V = |(\vec{a} \times \vec{b}) \cdot \vec{c}|$

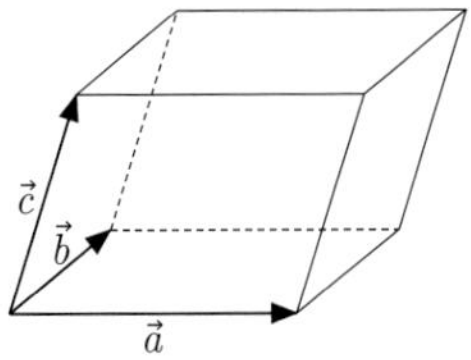

1.4 Geraden

Punktrichtungsgleichung einer Geraden:

Gerade g durch den Punkt P mit dem Richtungsvektor $\vec{u}$:

$$g: \vec{x} = \vec{p} + t\vec{u} = \overrightarrow{0P} + t\vec{u} \qquad (t \in \mathbb{R})$$

$\vec{p}$: Stützvektor (Ortsvektor von P)

Schreibweise mit Koordinaten für den xyz-Raum bzw. xy-Ebene:

$$\begin{pmatrix} x \\ y \\ z \end{pmatrix} = \begin{pmatrix} p_x \\ p_y \\ p_z \end{pmatrix} + t \begin{pmatrix} u_x \\ u_y \\ u_z \end{pmatrix} \quad \text{bzw.}$$

$$\begin{pmatrix} x \\ y \end{pmatrix} = \begin{pmatrix} p_x \\ p_y \end{pmatrix} + t \begin{pmatrix} u_x \\ u_y \end{pmatrix}$$

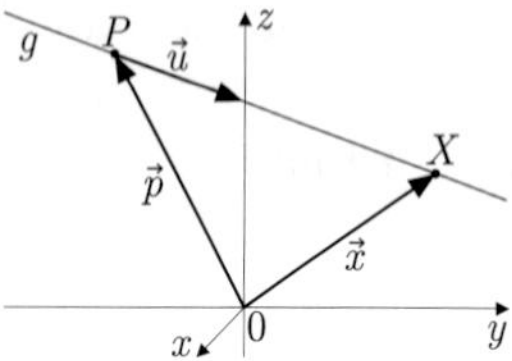

Zweipunktegleichung einer Geraden:

Gerade g durch die Punkte P und Q:

$$g: \vec{x} = \vec{p} + t(\vec{q} - \vec{p}) = \overrightarrow{0P} + t\overrightarrow{PQ} \qquad (t \in \mathbb{R})$$

$\vec{p}, \vec{q}$: Ortsvektoren von P und Q

Schreibweise mit Koordinaten für den xyz-Raum bzw. xy-Ebene:

$$\begin{pmatrix} x \\ y \\ z \end{pmatrix} = \begin{pmatrix} p_x \\ p_y \\ p_z \end{pmatrix} + t \begin{pmatrix} q_x - p_x \\ q_y - p_y \\ q_z - p_z \end{pmatrix} \quad \text{bzw.} \quad \begin{pmatrix} x \\ y \end{pmatrix} = \begin{pmatrix} p_x \\ p_y \end{pmatrix} + t \begin{pmatrix} q_x - p_x \\ q_y - p_y \end{pmatrix}$$

Normalenform einer Geraden:

$$g: (\vec{x} - \vec{p}) \cdot \vec{n} = 0$$

Gilt nur für die xy-Ebene!

$\vec{p}$: Ortsvektor des Punktes P auf der Geraden g

$\vec{n}$: Normalenvektor von g ($\vec{n}$ ist orthogonal zu g bzw. zum Richtungsvektor von g.)

Schreibweise mit Koordinaten: $\left[\begin{pmatrix} x \\ y \end{pmatrix} - \begin{pmatrix} p_x \\ p_y \end{pmatrix}\right] \cdot \begin{pmatrix} n_x \\ n_y \end{pmatrix} = 0$

Koordinatengleichung: $n_x x + n_y y = b \quad$ mit $b = p_x n_x + p_y n_y$

Hessesche Normalenform einer Geraden:

$$\boxed{g : (\vec{x} - \vec{p}) \cdot \vec{n}_0 = 0}$$

Gilt nur für die xy-Ebene!

mit $\vec{n_0} = \frac{\vec{n}}{|\vec{n}|}$ Es gilt: $|\vec{n}_0| = 1$

Die Hessesche Normalenform ist ein Spezialfall der Normalenform. Es wird dabei der Normaleneinheitsvektor $\vec{n}_0$ der Geraden g verwendet.

1.5 Ebenen

Punktrichtungsgleichung einer Ebene:

Ebene E durch den Punkt P und den Richtungsvektoren $\vec{u}$ und $\vec{v}$:

$\vec{u}, \vec{v}$: werden auch Spannvektoren genannt und sind linear unabhängig

$\vec{p}$: Stützvektor (Ortsvektor von P)

$$\boxed{E : \vec{x} = \vec{p} + r\vec{u} + s\vec{v} \qquad (r, s \in \mathbb{R})}$$

Schreibweise mit Koordinaten:

$$\begin{pmatrix} x \\ y \\ z \end{pmatrix} = \begin{pmatrix} p_x \\ p_y \\ p_z \end{pmatrix} + r \begin{pmatrix} u_x \\ u_y \\ u_z \end{pmatrix} + s \begin{pmatrix} v_x \\ v_y \\ v_z \end{pmatrix}$$

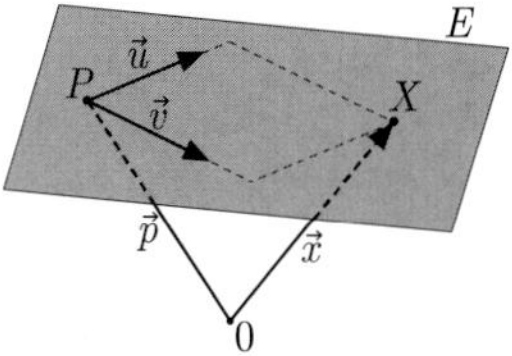

Dreipunktegleichung einer Ebene:

Ebene E durch die Punkte P, Q und R:

$$\boxed{E : \vec{x} = \vec{p} + r(\vec{q} - \vec{p}) + s(\vec{r} - \vec{p}) = \overrightarrow{0P} + r\overrightarrow{PQ} + s\overrightarrow{PR} \qquad (r, s \in \mathbb{R})}$$

Schreibweise mit Koordinaten:

$$\begin{pmatrix} x \\ y \\ z \end{pmatrix} = \begin{pmatrix} p_x \\ p_y \\ p_z \end{pmatrix} + r \begin{pmatrix} q_x - p_x \\ q_y - p_y \\ q_z - p_z \end{pmatrix} + s \begin{pmatrix} r_x - p_x \\ r_y - p_y \\ r_z - p_z \end{pmatrix}$$

Normalenvektor einer Ebene:

Ein Normalenvektor $\vec{n}$ der Ebene E steht senkrecht auf der Ebene E. Folglich steht der Normalenvektor senkrecht auf den beiden linear unabhängigen Richtungsvektoren $\vec{u}$ und $\vec{v}$ der Ebene E.

Berechnung eines Normalenvektors:

(a) mit den Gleichungen
$\vec{u} \cdot \vec{n} = 0$ und $\vec{v} \cdot \vec{n} = 0$

(b) mit dem Vektorprodukt
(Kreuzprodukt) $\vec{n} = \vec{u} \times \vec{v}$

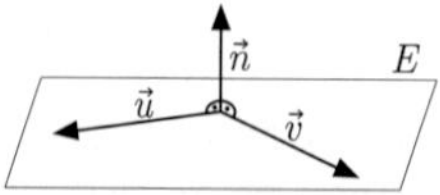

Normalenform einer Ebene:

$\vec{p}$: Ortsvektor des Punktes P auf der Ebene E
$\vec{n}$: Normalenvektor von E

$$\boxed{E : (\vec{x} - \vec{p}) \cdot \vec{n} = 0}$$

Schreibweise mit Koordinaten:

$$\left[\begin{pmatrix} x \\ y \\ z \end{pmatrix} - \begin{pmatrix} p_x \\ p_y \\ p_z \end{pmatrix}\right] \cdot \begin{pmatrix} n_x \\ n_y \\ n_z \end{pmatrix} = 0$$

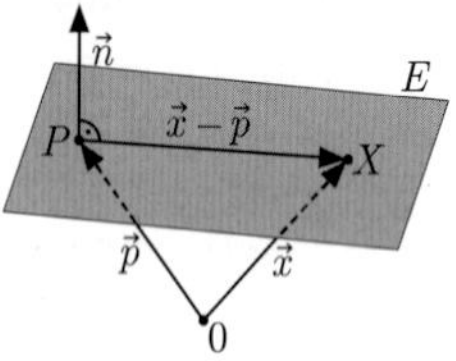

Hessesche Normalenform einer Ebene:

$$\boxed{E : (\vec{x} - \vec{p}) \cdot \vec{n}_0 = 0} \quad \text{mit } \vec{n_0} = \frac{\vec{n}}{|\vec{n}|} \qquad \text{Es gilt: } |\vec{n}_0| = 1$$

Die Hessesche Normalenform ist ein Spezialfall der Normalenform. Es wird dabei ein Normaleneinheitsvektor $\vec{n}_0$ der Ebene E verwendet.

Allgemeine Form (Koordinatengleichung):

$$\boxed{E : Ax + By + Cz = D \qquad (A, B, C, D \in \mathbb{R} \text{ und } A^2 + B^2 + C^2 > 0)}$$

$\vec{n} = \begin{pmatrix} A \\ B \\ C \end{pmatrix}$ ist ein Normalenvektor der Ebene E.

Wandelt man die Normalenform $E : (\vec{x} - \vec{p}) \cdot \vec{n} = 0$ in die Koordinatengleichung einer Ebene um, so erhält man:
$E : n_x x + n_y y + n_z z - n_x p_x - n_y p_y - n_z p_z = 0$

1.6 Kugeln

Allgemeine (vektorielle) Gleichung einer Kugel:

Kugel K mit dem Mittelpunkt $M(m_x; m_y; m_z)$ und dem Radius r:

$$\boxed{K : (\vec{x} - \vec{m})^2 = r^2}$$

$\vec{m}$: Ortsvektor zum Mittelpunkt M der Kugel

Schreibweise mit Koordinaten: $\left[\begin{pmatrix} x \\ y \\ z \end{pmatrix} - \begin{pmatrix} m_x \\ m_y \\ m_z \end{pmatrix}\right]^2 = r^2$

Koordinatengleichung einer Kugel:

Kugel K mit dem Mittelpunkt $M(m_x; m_y; m_z)$ und dem Radius r:

$$\boxed{K : (x - m_x)^2 + (y - m_y)^2 + (z - m_z)^2 = r^2}$$

Tangentialebene einer Kugel:

Tangentialebene T an dem Berührpunkt $P(p_x; p_y; p_z)$ der Kugel K mit dem Mittelpunkt $M(m_x; m_y; m_z)$:

$$\boxed{T : (\vec{x} - \vec{m})(\vec{p} - \vec{m}) = r^2 \quad \text{oder} \quad T : (\vec{x} - \vec{p})(\vec{p} - \vec{m}) = 0}$$

Koordinatengleichungen:
$T : (x - m_x)(p_x - m_x) + (y - m_y)(p_y - m_y) + (z - m_z)(p_z - m_z) = r^2$
$T : (x - p_x)(p_x - m_x) + (y - p_y)(p_y - m_y) + (z - p_z)(p_z - m_z) = 0$

1.7 Lagebeziehungen

Punkt-Gerade:

Ein Punkt Q mit dem Ortsvektor $\vec{q}$ liegt auf der Geraden $g: \vec{x} = \vec{p} + t\vec{u}$, wenn es ein $t \in \mathbb{R}$ gibt, so dass die Gleichung $\vec{q} = \vec{p} + t\vec{u}$ erfüllt ist (Punktprobe).

Punkt-Ebene:

Ein Punkt Q mit dem Ortsvektor $\vec{q}$ liegt in der Ebene $E: \vec{x} = \vec{p} + r\vec{u} + s\vec{v}$, wenn es ein $r \in \mathbb{R}$ und ein $s \in \mathbb{R}$ gibt, so dass die Gleichung $\vec{q} = \vec{p} + r\vec{u} + s\vec{v}$ erfüllt ist (Punktprobe).

Ist die (Hessesche) Normalenform oder die Koordinatengleichung einer Ebene E gegeben, dann setzt man zur Überprüfung, ob der Punkt Q in E liegt, $\vec{q}$ für $vecx$ ein.

Gerade-Gerade:

Es gibt im Raum vier Möglichkeiten der gegenseitigen Lage von zwei Geraden $g: \vec{x} = \vec{p} + t\vec{u}$ und $h: \vec{x} = \vec{q} + r\vec{v}$:

(1) $\vec{u}$ und $\vec{v}$ sind linear abhängig. Gilt dazu:

(a) Punkt P mit $\vec{p}$ liegt auf h $\Rightarrow$ g und h sind identisch
(b) Punkt P mit $\vec{p}$ liegt nicht auf h $\Rightarrow$ g und h sind parallel

(2) $\vec{u}$ und $\vec{v}$ sind linear unabhängig. Gilt dazu:

(a) Es existiert eine Lösung mit $t, r \in \mathbb{R}$ für die Gleichung
$\vec{p} + t\vec{u} = \vec{q} + r\vec{v}$ $\Rightarrow$ g und h schneiden sich in Punkt S mit dem Ortsvektor $\vec{s} = \vec{p} + t\vec{u} = \vec{q} + r\vec{v}$

(b) Fall a trifft nicht zu $\Rightarrow$ g und h sind zueinander windschief

Gerade-Ebene:

Es gibt drei Möglichkeiten der gegenseitigen Lage einer Geraden $g: \vec{x} = \vec{p} + t\vec{u}$ und einer Ebene $E: (\vec{x} - \vec{q}) \cdot \vec{n}$:

Hat die Gleichung $(\vec{p} + t\vec{u} - \vec{q}) \cdot \vec{n}$

(1) genau eine Lösung für t $\Rightarrow$ g und E haben den Schnittpunkt S mit dem Ortsvektor $\vec{s} = \vec{p} + t\vec{u}$

(2) unendlich viele Lösungen für t $\Rightarrow$ g liegt in der Ebene E

(3) keine Lösung für t $\Rightarrow$ g ist parallel zu E

Gerade-Kugel:

Es gibt drei Möglichkeiten der gegenseitigen Lage einer Geraden $g: \vec{x} = \vec{p} + t\vec{u}$ und einer Kugel $K: (\vec{x} - \vec{m})^2 = r^2$:

Hat die Gleichung $(\vec{p} + t\vec{u} - \vec{m})^2 = r^2$

(1) zwei Lösungen (t_1 und t_2) für t $\Rightarrow$ g durchstößt K in zwei Punkten S_1 und S_2 mit den Ortsvektoren $\vec{s}_1 = \vec{p} + t_1\vec{u}$ und $\vec{s}_2 = \vec{p} + t_2\vec{u}$

(2) eine Lösung für t $\Rightarrow$ g berührt K in dem Punkt S mit dem Ortsvektor $\vec{s} = \vec{p} + t\vec{u}$

(3) keine Lösung für t $\Rightarrow$ K wird von g weder durchstoßen noch berührt

Ebene-Ebene:

Es gibt drei Möglichkeiten der gegenseitigen Lage der Ebenen $E_1: (\vec{x} - \vec{p}) \cdot \vec{n} = 0$ und $E_2: (\vec{x} - \vec{q}) \cdot \vec{m} = 0$ (beide in Normalenform):

(1) Die Normalenvektoren $\vec{n}$ und $\vec{m}$ sind linear abhängig. Gilt dazu:

(a) Punkt P mit dem Ortsvektor $\vec{p}$ liegt <u>auf</u> E_2 (Punktprobe)
$\Rightarrow$ E_1 und E_2 sind identisch

(b) Punkt P mit dem Ortsvektor $\vec{p}$ liegt <u>nicht auf</u> E_2 (Punktprobe)
$\Rightarrow$ E_1 und E_2 sind parallel

(2) Die Normalenvektoren $\vec{n}$ und $\vec{m}$ sind linear unabhängig
$\Rightarrow$ E_1 und E_2 schneiden sich in einer Geraden

Ebene-Kugel:

Es gibt drei Möglichkeiten der gegenseitigen Lage einer Ebene $E : (\vec{x} - \vec{p}) \cdot \vec{n}_0 = 0$ und einer Kugel $K : (\vec{x} - \vec{m})^2 = r^2$:

Ist $d(M, E) = |(\vec{m} - \vec{p}) \cdot \vec{n}_0|$ (Abstand des Kreismittelpunkts M von der Ebene E)

(1) kleiner als r $\Rightarrow$ E und K schneiden sich in einem Schnittkreis

(2) gleich r $\Rightarrow$ E berührt K in dem Punkt S
(S ist der Schnittpunkt der Ebene E
mit der Hilfsgeraden $g : \vec{x} = \vec{m} + t\vec{n}_0$)

(3) größer als r $\Rightarrow$ E und K schneiden und berühren sich nicht

Kugel-Kugel:

Es gibt drei Möglichkeiten der gegenseitigen Lage der Kugeln K_1 und K_2 mit den Mittelpunkten M_1 und M_2 und den Radien r_1 und r_2:

(1) $|\overrightarrow{M_1M_2}| > r_1 + r_2$ oder $|\overrightarrow{M_1M_2}| < |r_2 - r_1|$
$\Rightarrow$ kein Schnittpunkt

(2) $|\overrightarrow{M_1M_2}| = r_1 + r_2$ oder $|\overrightarrow{M_1M_2}| = |r_2 - r_1|$
$\Rightarrow$ genau ein Schnittpunkt

(3) $|r_2 - r_1| < |\overrightarrow{M_1M_2}| < r_1 + r_2$ $\Rightarrow$ es ergibt sich ein Schnittkreis

1.8 Schnittwinkel

Winkel zwischen zwei Vektoren:

Zwei Vektoren $\vec{a}$ und $\vec{b}$ schließen den Winkel α ein. Es gilt:

$$\cos(\alpha) = \frac{\vec{a} \cdot \vec{b}}{|\vec{a}| \cdot |\vec{b}|} = \frac{a_x b_x + a_y b_y + a_z b_z}{\sqrt{a_x^2 + a_y^2 + a_z^2} \cdot \sqrt{b_x^2 + b_y^2 + b_z^2}} \quad (0^\circ \leq \alpha \leq 180^\circ)$$

Schnittwinkel von zwei Geraden:

Zwei Geraden mit den Richtungsvektoren $\vec{u}$ und $\vec{v}$ schneiden sich. Für den Schnittwinkel α gilt:

$$\cos(\alpha) = \frac{|\vec{u}\cdot\vec{v}|}{|\vec{u}|\cdot|\vec{v}|} = \frac{|u_x v_x + u_y v_y + u_z v_z|}{\sqrt{u_x^2+u_y^2+u_z^2}\cdot\sqrt{v_x^2+v_y^2+v_z^2}} \quad (0° \leq \alpha \leq 90°)$$

Winkel zwischen Gerade und Ebene:

Für den Winkel α zwischen einer Geraden mit dem Richtungsvektor $\vec{u}$ und einer Ebene mit dem Normalenvektor $\vec{n}$ gilt:

$$\sin(\alpha) = \frac{|\vec{u}\cdot\vec{n}|}{|\vec{u}|\cdot|\vec{n}|} = \frac{|u_x n_x + u_y n_y + u_z n_z|}{\sqrt{u_x^2+u_y^2+u_z^2}\cdot\sqrt{n_x^2+n_y^2+n_z^2}} \quad (0° \leq \alpha \leq 90°)$$

Winkel zwischen zwei Ebenen:

Für den Winkel α zwischen zwei Ebenen mit den Normalenvektoren $\vec{n}$ und $\vec{m}$ gilt:

$$\cos(\alpha) = \frac{|\vec{n}\cdot\vec{m}|}{|\vec{n}|\cdot|\vec{m}|} = \frac{|n_x m_x + n_y m_y + n_z m_z|}{\sqrt{n_x^2+n_y^2+n_z^2}\cdot\sqrt{m_x^2+m_y^2+m_z^2}} \quad (0° \leq \alpha \leq 90°)$$

1.9 Abstände

Abstand von zwei Punkten:

Abstand d zwischen zwei Punkten P und Q ($\vec{p}, \vec{q}$: Ortsvektoren):

$$d(P,Q) = |\overrightarrow{PQ}| = |\vec{q}-\vec{p}| = \sqrt{(q_x-p_x)^2+(q_y-p_y)^2+(q_z-p_z)^2}$$

Abstand eines Punktes von einer Ebene:

Abstand d eines Punktes Q mit dem Ortsvektor $\vec{q}$ von einer Ebene E:

$$d(Q,E) = |(\vec{q}-\vec{p})\cdot\vec{n}_0| \qquad \text{mit } E: (\vec{x}-\vec{p})\cdot\vec{n}_0 = 0$$

1 Ziel
Mit Strategie und Fingerspitzengefühl Karriere machen!
Ihre Stärken – Ihre Zukunft: Mit einem dualen Studium bei der Allianz.
Sie sind gerne unter Menschen, sind offen für Neues und können begeistern? Dann starten Sie Ihre Karriere mit einer attraktiven Ausbildung und Studium im Vertrieb der Allianz.
Jetzt informieren oder gleich bewerben unter:
kundenbegeisterer-gesucht.de
Kundenbegeisterer als BA-Student* gesucht: konzentriert, mit Ausdauer und guter Reaktion, immer am Ball
Anja Behle, Führungskräftenachwuchs der Allianz und begeisterte Volleyballspielerin.
Allianz

Abstand eines Punktes von einer Geraden:

Der Abstand d des Punktes Q mit dem Ortsvektor $\vec{q}$ von der Geraden g lässt sich in drei Schritten ermitteln:

(1) Aufstellen einer Gleichung für die Ebene E, die durch Q geht und orthogonal zu g ist.

(2) Berechnung des Schnittpunktes F von g und E (F nennt man Fußpunkt des Lotes von Q auf g).

(3) Berechnung des Betrages von $\overrightarrow{FQ}$.
Es gilt: $d(Q,g) = |\overrightarrow{FQ}|$

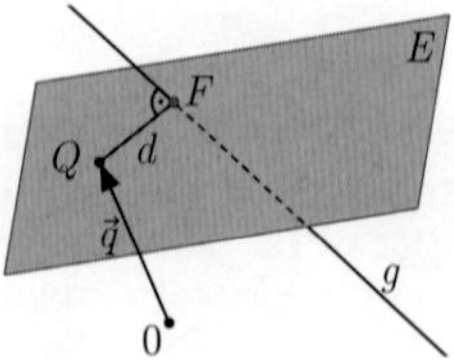

Abstand von zwei Geraden:

parallele Geraden:

Der Abstand von zwei parallelen Geraden ist gleich dem Abstand eines beliebigen Punktes der einen Geraden zu der anderen Geraden.
⇒ Siehe „Abstand eines Punktes von einer Geraden"

windschiefe Geraden:

Gegeben sind zwei windschiefe Geraden $g : \vec{x} = \vec{p} + t\vec{u}$ und $h : \vec{x} = \vec{q} + r\vec{v}$. Sind $\vec{p_0}$ bzw. $\vec{q_0}$ die Ortsvektoren eines beliebigen Punktes auf g bzw. h und ist $\vec{n_0}$ der Normaleneinheitsvektor von g und h ($\vec{n_0} \perp \vec{u}$ und $\vec{n_0} \perp \vec{v}$), dann gilt für den Abstand d:

$$d(g,h) = |(\vec{q_0} - \vec{p_0}) \cdot \vec{n_0}|$$

Abstand einer Geraden zu einer parallelen Ebene:

Der Abstand einer Geraden zu einer ihr parallelen Ebene ist gleich dem Abstand eines beliebigen Punktes auf der Geraden zu der Ebene.
⇒ Siehe „Abstand eines Punktes von einer Ebene"

Abstand von zwei parallelen Ebenen:

Der Abstand von zwei parallelen Ebenen ist gleich dem Abstand eines beliebigen Punktes der einen Ebene zu der anderen Ebene.
⇒ Siehe „Abstand eines Punktes von einer Ebene"

2 Analysis

D:	Defintionsbereich der Funktion f
f':	1. Ableitung der Funktion f
f'':	2. Ableitung der Funktion f
$\lim\limits_{x \to x_0} f(x)$:	Grenzwert von f für x gegen x_0
$\lim\limits_{x \to x_0 - 0} f(x)$:	linksseitiger Grenzwert von f an der Stelle x_0
$\lim\limits_{x \to x_0 + 0} f(x)$:	rechtsseitiger Grenzwert von f an der Stelle x_0

2.1 Folgen und Reihen

reelle Zahlenfolge:

$(a_n) = a_1, a_2, ..., a_n, ...$ mit $n \in \mathbb{N}^* = \{1; 2; 3; ...\}$ und $a_1, a_2, ... \in \mathbb{R}$

a_1: Anfangsglied der Folge a_n: Bild von n; n-tes Glied der Folge

Partialsummenfolge/n-te Partialsumme:

$$s_n = a_1 + a_2 + ... + a_n = \sum_{i=1}^{n} a_i$$

Reihe:

Man bezeichnet die Partialsummenfolge einer bestimmten Folge als die zu dieser Folge gehörende Reihe.

unendliche Reihe: $s_n = a_1 + a_2 + ... + a_n + ... = \sum\limits_{i=1}^{\infty} a_i$

Beschränktheit: Die Folge (a_n) ist beschränkt, wenn gilt:
$|a_n| \leq S$ für alle a_n $S \in \mathbb{R}$ (Schranke)

Monotonie:

Die Folge (a_n) ist monoton wachsend (fallend), wenn gilt:
$a_{n+1} \geq a_n \; (a_{n+1} \leq a_n)$ für alle $n \in \mathbb{N}^* = \{1; 2; 3; ...\}$

Die Folge (a_n) ist streng monoton wachsend (fallend), wenn gilt:
$a_{n+1} > a_n \; (a_{n+1} < a_n)$ für alle $n \in \mathbb{N}^* = \{1; 2; 3; ...\}$

Arithmetische Zahlenfolge:

Definition: $(a_n) = a_1; a_1 + d; a_1 + 2d; ...; a_1 + (n-1)d; ...$

explizite Bildungsvorschrift: $a_n = a_1 + (n-1)d$

rekursive Bildungsvorschrift: $a_{n+1} = a_n + d$ a_1 gegeben

Partialsumme: $s_n = \sum_{i=1}^{n} a_i = \frac{n}{2}(a_1 + a_n) = n \cdot a_1 + \frac{(n-1) \cdot n}{2} \cdot d$

Geometrische Zahlenfolge:

Definition: $(a_n) = a_1; a_1 q; a_1 q^2; ...; a_1 q^{n-1}; ...$ $(a_1 \neq 0, q \neq 0)$

explizite Bildungsvorschrift: $a_n = a_1 \cdot q^{n-1}$

rekursive Bildungsvorschrift: $a_{n+1} = a_n \cdot q$ a_1 gegeben

Partialsumme: $s_n = \sum_{i=1}^{n} a_i = a_1 \frac{q^n - 1}{q - 1} = a_1 \frac{1 - q^n}{1 - q}$ (für $q \neq 1$)

Unendliche geometrische Reihe:

Partialsumme: $s_n = \sum_{k=1}^{\infty} a_1 \cdot q^{k-1} = \frac{a_1}{1-q}$ $(a_1 \neq 0, |q| < 1)$

Spezielle Partialsummen:

$$s_n = 1 + 2 + 3 + ... + n = \sum_{i=1}^{n} i = \frac{n}{2}(n+1)$$

$$s_n = 2 + 4 + 6 + ... + 2n = \sum_{i=1}^{n} 2i = n(n+1)$$

$$s_n = 1 + 3 + 5 + ... + (2n-1) = \sum_{i=1}^{n} (2i-1) = n^2$$

$$s_n = 1^2 + 2^2 + 3^2 + ... + n^2 = \sum_{i=1}^{n} i^2 = \frac{n(n+1)(2n+1)}{6}$$
$$s_n = 1^3 + 2^3 + 3^3 + ... + n^3 = \sum_{i=1}^{n} i^3 = \left[\frac{n(n+1)}{2}\right]^2$$

Grenzwert einer Folge:

Die Zahlenfolge (a_n) besitzt den Grenzwert g, wenn es für jedes $\epsilon > 0$ eine natürliche Zahl n_0 gibt, so dass für alle $n \geq n_0$ gilt: $|a_n - g| < \epsilon$.
Schreibweise: $\lim\limits_{n\to\infty} a_n = g$

Konvergenz und Divergenz:

Eine Folge (a_n) ist konvergent, wenn sie einen Grenzwert g besitzt.
Eine Folge (a_n) ist divergent, wenn sie nicht konvergent ist.

Grenzwertsätze für Zahlenfolgen:

Falls $\lim\limits_{n\to\infty} a_n = a$ und $\lim\limits_{n\to\infty} b_n = b$, dann gilt:

(1) $\lim\limits_{n\to\infty} (a_n \pm b_n) = \lim\limits_{n\to\infty} a_n \pm \lim\limits_{n\to\infty} b_n = a \pm b$

(2) $\lim\limits_{n\to\infty} (a_n \cdot b_n) = \lim\limits_{n\to\infty} a_n \cdot \lim\limits_{n\to\infty} b_n = a \cdot b$

(3) $\lim\limits_{n\to\infty} \frac{a_n}{b_n} = \frac{\lim\limits_{n\to\infty} a_n}{\lim\limits_{n\to\infty} b_n} = \frac{a}{b} \qquad (b \neq 0)$

Spezielle Grenzwerte:

(a) $\lim\limits_{n\to\infty} \frac{1}{n} = 0$ b) $\lim\limits_{n\to\infty} \frac{a^n}{n!} = 0$ c) $\lim\limits_{n\to\infty} a^n = 0$ für $|a| < 1$

(d) $\lim\limits_{n\to\infty} \sqrt[n]{a} = 1$ für $a > 0$ e) $\lim\limits_{n\to\infty} \left(1 + \frac{1}{n}\right)^n = e$ (eulersche Zahl)

(f) $\lim\limits_{n\to\infty} n(\sqrt[n]{a} - 1) = \ln(a)$ für $a > 0$ (a,b und c sind Nullfolgen)

2.2 Funktionen

Definition:

Eine Funktion f ordnet jedem Element x aus einer Definitionsmenge D genau ein Element y einer Zielmenge Z zu. Die Wertemenge der Funktion f ist die Menge W, die aus den Werten (auch Bildern) von f besteht. Es gilt: $W = \{f(x)|x \in D\}$ und $W \subseteq Z$

Schreibweise und Bezeichnungen:

$y = f(x)$ mit $x \in D$ → Funktionsgleichung
$f : x \mapsto f(x)$ mit $x \in D$ oder
$f : x \mapsto y$ mit $x \in D$ → „x wird abgebildet auf $f(x)$"

Surjektivität, Injektivität, Bijektivität:

Die Funktion f heißt *surjektiv*, wenn jedes Element der Zielmenge Z mindestens einmal als Funktionswert $f(x)$ von einem Element aus der Definitionsmenge D angenommen wird.

Die Funktion f heißt *injektiv*, wenn jedes Element der Zielmenge Z höchstens einmal als Funktionswert $f(x)$ von einem Element aus der Definitionsmenge D angenommen wird.

Die Funktion f heißt *bijektiv*, wenn sie surjektiv und injektiv ist.

Verketten von Funktionen:

Die Verkettung $u \circ v : x \mapsto u(v(x))$ der zwei Funktionen u und v erhält man, indem man den Term $v(x)$ für die Variable x der Funktion u einsetzt.

Umkehrfunktion:

Eine Funktion $f : x \mapsto y$ mit $y = f(x)$ besitzt eine Umkehrfunktion $\overline{f} : y \mapsto x$ mit $x = \overline{f}(y)$, wenn sie bijektiv ist. Es existiert also zu jedem Element y in der Zielmenge genau ein Element x in der Definitionsmenge. Die Schaubilder von $y = f(x)$ und $x = \overline{f}(y)$ sind identisch. $y = \overline{f}(x)$ erhält man, indem man x und y in der Gleichung $f(x) = y$ vertauscht und die Gleichung nach y auflöst. Das Schaubild

von $y = \overline{f}(x)$ ist das Spiegelbild von
$y = f(x)$ an der1. Winkelhalbierenden.

Grenzwerte von Funktionen:

Grenzwert für $x \to x_0$:

g heißt Grenzwert von f für x gegen x_0, wenn zu jedem $\epsilon > 0$ ein $\delta > 0$ existiert, so dass gilt:

$|f(x) - g| < \epsilon$ für alle x mit $|x - x_0| < \delta$ und $x \neq x_0$

Schreibweise: $\lim\limits_{x \to x_0} f(x) = g$

Halbseitige Grenzwerte für $x \to x_0$:

g heißt linksseitiger bzw. rechtsseitiger Grenzwert von f an der Stelle x_0, wenn zu jedem $\epsilon > 0$ ein $\delta > 0$ existiert, so dass gilt:

$|f(x) - g| < \epsilon$ für alle x mit $x_0 - \delta < x < x_0$ bzw. $x_0 < x < x_0 + \delta$

Schreibweise: $\lim\limits_{x \to x_0 - 0} f(x) = g$ bzw. $\lim\limits_{x \to x_0 + 0} f(x) = g$

Grenzwert für $x \to \infty$ bzw. $x \to -\infty$:

g heißt Grenzwert von f für x gegen plus unendlich bzw. minus unendlich, wenn zu jedem $\epsilon > 0$ eine Stelle x_1 existiert, so dass gilt:

$|f(x) - g| < \epsilon$ für alle $x > x_1$ bzw. $x < x_1$

Schreibweise: $\lim\limits_{x \to \infty} f(x) = g$ bzw. $\lim\limits_{x \to -\infty} f(x) = g$

Regel von de l'Hospital:

Wenn (1) $\lim\limits_{x \to a} f(x) = \lim\limits_{x \to a} g(x) = 0$, (2) f und g differenzierbar mit $g'(x) \neq 0$ ist und (3) $\lim\limits_{x \to a} \dfrac{f'(x)}{g'(x)}$ existiert, dann gilt:

$$\lim_{x \to a} \frac{f(x)}{g(x)} = \lim_{x \to a} \frac{f'(x)}{g'(x)}$$

Die Regel ist ebenfalls anwendbar, wenn

(a) $\lim\limits_{x \to \infty} f(x) = \lim\limits_{x \to \infty} g(x) = 0$ oder $\lim\limits_{x \to -\infty} f(x) = \lim\limits_{x \to -\infty} g(x) = 0$

(b) $\lim\limits_{x \to a} f(x) = \lim\limits_{x \to a} g(x) = \infty$ oder $\lim\limits_{x \to \infty} f(x) = \lim\limits_{x \to \infty} g(x) = \infty$

Grenzwertsätze für Funktionen:

Ist $\lim\limits_{x \to x_0} f(x) = a$ und $\lim\limits_{x \to x_0} g(x) = b$, dann gilt:

(1) $\lim\limits_{x \to x_0} [f(x) \pm g(x)] = a + b$

(2) $\lim\limits_{x \to x_0} [f(x) \cdot g(x)] = a \cdot b$

(3) $\lim\limits_{x \to x_0} \dfrac{f(x)}{g(x)} = \dfrac{a}{b}$ (mit $b \neq 0$)

Stetigkeit einer Funktion:

Definition:

Eine Funktion f ist an der Stelle x_0 stetig, wenn der Grenzwert von f an der Stelle x_0 existiert und gleich dem Funktionswert $f(x_0)$ ist. Es gilt also: $\lim\limits_{x \to x_0} f(x) = f(x_0)$

Hinweis: Das Schaubild einer stetigen Funktion kann man in einem Zug zeichnen.

Zwischenwertsatz:

Ist die Funktion f im Intervall $[a, b]$ stetig und $f(a) \neq f(b)$, dann nimmt f in diesem Intervall alle Werte zwischen $f(a)$ und $f(b)$ mindestens einmal an.

Nullstellensatz:

Ist die Funktion f im Intervall $[a, b]$ stetig und haben $f(a)$ und $f(b)$ verschiedene Vorzeichen, dann gibt es mindestens eine Stelle x_0 in diesem Intervall mit $f(x_0) = 0$.

2.3 Differenzialrechnung

Differenzenquotient:

$$\frac{\delta y}{\delta x} = \frac{f(x_0 + h) - f(x_0)}{h}$$

Der Differenzenquotient gibt die Steigung der Sekante durch die Punkte $P(x_0; f(x_0))$ und $Q(x_0 + h; f(x_0 + h))$ an.

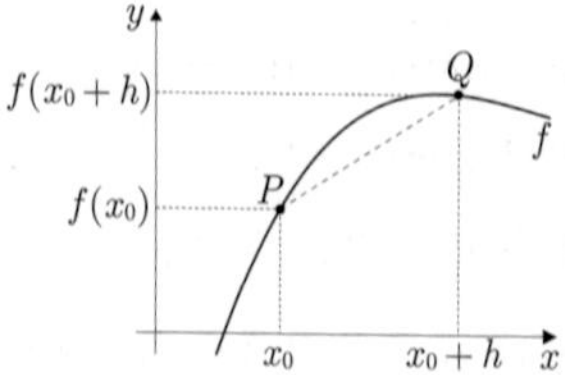

Differenzialquotient (1. Ableitung):

Der Differenzialquotient von f an der Stelle x_0 ist der Grenzwert

$$\lim_{h \to 0} \frac{f(x_0 + h) - f(x_0)}{h} = f'(x_0)$$

$f'(x_0)$ ist gleich der Steigung der Tangente t an den Graphen von f im Punkt $P(x_0; f(x_0))$.

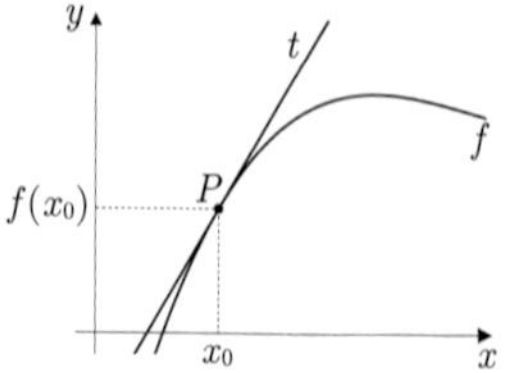

Differenzierbarkeit:

Eine Funktion heißt differenzierbar an der Stelle x_0, wenn $f'(x_0)$ existiert.

Höhere Ableitungen und ihre Schreibweisen:

1. Ableitung: $f'(x) = y' = \frac{dy}{dx}$

2. Ableitung: $f''(x) = [f'(x)]' = y'' = \frac{d^2y}{dx^2}$

n-te Ableitung: $f^{(n)}(x) = [f^{(n-1)}(x)]' = y^{(n)} = \frac{d^ny}{dx^n}$

Ableitungsregeln:

Faktorregel: $f(x) = c \cdot u(x)$ $\quad f'(x) = c \cdot u'(x) \quad (c \in \mathbb{R})$

Summenregel: $f(x) = u(x) + v(x)$ $\quad f'(x) = u'(x) + v'(x)$

Produktregel: $f(x) = u(x) \cdot v(x)$ $\quad f'(x) = u'(x) \cdot v(x) + u(x) \cdot v'(x)$

Quotientenregel: $f(x) = \dfrac{u(x)}{v(x)}$ mit $v(x) \neq 0$

$$f'(x) = \frac{u'(x) \cdot v(x) - u(x) \cdot v'(x)}{(v(x))^2}$$

Kettenregel: $f(x) = v(u(x))$ $\quad f'(x) = v'(u(x)) \cdot u'(x)$

Ableitung der Umkehrfunktion:

$x = g(y)$ Umkehrfunktion von $y = f(x) \quad \Rightarrow \quad g'(y) = \dfrac{1}{f'(x)}$

Ableitungen spezieller Funktionen:

$\mathbf{f(x)}$	$\mathbf{f'(x)}$	$\mathbf{f(x)}$	$\mathbf{f'(x)}$
c (konstant)	0	$\cos(x)$	$-\sin(x)$
x^n	nx^{n-1}	$\tan(x)$	$\frac{1}{\cos^2(x)} = 1 + \tan^2(x)$
a^x	$a^x \cdot \ln(a)$	$\cot(x)$	$-\frac{1}{\sin^2(x)}$
e^x	e^x	$\arcsin(x)$	$\frac{1}{\sqrt{1-x^2}}$
$\log_a(x)$	$\frac{1}{x \cdot \ln(a)}$	$\arccos(x)$	$-\frac{1}{\sqrt{1-x^2}}$
$\ln(x)$	$\frac{1}{x}$	$\arctan(x)$	$\frac{1}{1+x^2}$
$\sin(x)$	$\cos(x)$	$\text{arccot}(x)$	$-\frac{1}{1+x^2}$

Mittelwertsatz der Differenzialrechnung:

Wenn f in $[a;b]$ stetig und in $]a;b[$ differenzierbar ist, dann gibt es mindestens eine Stelle z mit $a < z < b$, so dass gilt:

$$\frac{f(b)-f(a)}{b-a} = f'(z)$$

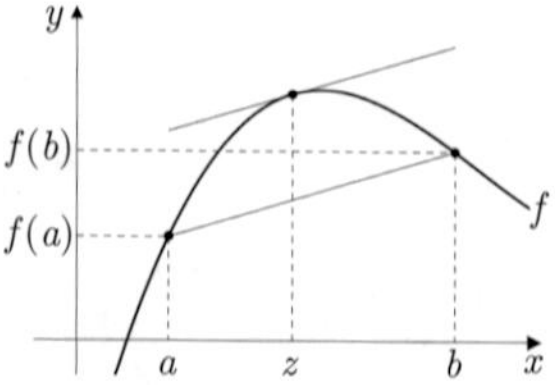

Näherungslösungen von Nullstellen:

Regula falsi (Sekantenverfahren):

Gegeben sind zwei Näherungswerte x_1 und x_2 für x_0 mit $f(x_1) < 0$ und $f(x_2) > 0$.

$$x_3 = x_1 - f(x_1) \cdot \frac{x_2 - x_1}{f(x_2) - f(x_1)}$$

Das Verfahren wird mit x_3 und x_1 bzw. x_2 fortgesetzt.

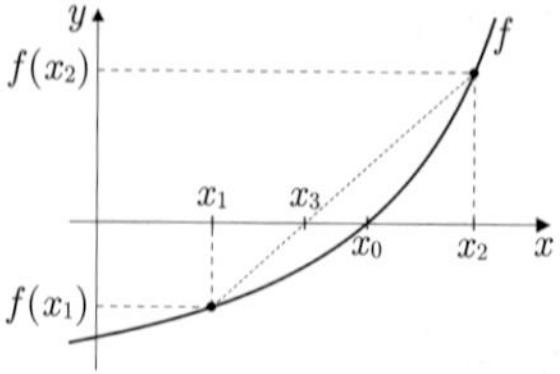

Newton'sches Näherungsverfahren:

x_1 sei eine Näherungslösung für x_0.

$$x_2 = x_1 - \frac{f(x_1)}{f'(x_1)} \qquad f'(x_1) \neq 0$$

→ Fortsetzung mit x_2

Bedingungen: $f'(x_i) \neq 0$

und $\frac{f(x) \cdot f''(x)}{[f'(x)]^2} < 1$ für alle x im betrachteten Intervall

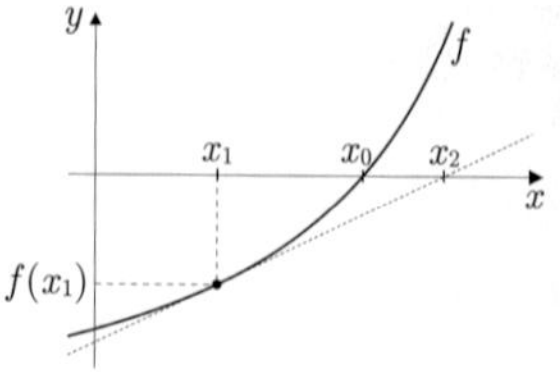

Satz von Taylor:

f sei auf dem Intervall $]x_0 - r; x_0 + r[$, $r > 0$, mindestens $(n+1)$-mal differenzierbar. Dann gilt für alle $x \in]x_0 - r; x_0 + r[$:

Genossenschaftliche FinanzGruppe
Volksbanken Raiffeisenbanken
TEAMPLAYER GESUCHT.
Unsere Einstiegschancen für Schulabgänger.
» KAUFMÄNNISCHE AUSBILDUNG
» DUALES BACHELOR-STUDIUM
Nähere Informationen zu unseren Programmen und Anforderungsprofilen finden Sie auf unserer Internetseite unter www.karriere.dzbank.de
top
2013
ARBEITGEBER
DEUTSCHLAND
DZ BANK
Zusammen geht mehr.

$$f(x) = \sum_{k=0}^{n} \frac{f^{(k)}(x_0)}{k!}(x-x_0)^k + R_n(x) = f(x_0) + \frac{f'(x_0)}{1!}(x-x_0)$$
$$+\frac{f''(x_0)}{2!}(x-x_0)^2 + ... + \frac{f^{(n)}(x_0)}{n!}(x-x_0)^n + R_{n+1}(x)$$

Es gilt: $R_{n+1}(x) = \frac{f^{(n+1)}(h)}{(n+1)!}(x-x_0)^{n+1}$ (h zwischen x und x_0)

2.4 Kurvenuntersuchung

Symmetrie des Graphen von f:

zur y-Achse: $f(-x) = f(x)$ gilt für alle $x \in D$

zum Ursprung $(0;0)$: $f(-x) = -f(x)$ gilt für alle $x \in D$

zur Geraden $g: x = x_0$: $f(x_0 - u) = f(x_0 + u)$
gilt für alle u mit $(x_0 \pm u) \in D$

zum Punkt $P(x_0|y_0)$: $\frac{1}{2}[f(x_0-u) + f(x_0+u)] = f(x_0)$
gilt für alle u mit $(x_0 \pm u) \in D$

Definitionslücken und Polstellen:

Gegeben ist eine gebrochenrationale Funktion:

$$f(x) = \frac{g(x)}{h(x)} = \frac{a_m x^m + a_{m-1}x^{m-1} + ... + a_1 x + a_0}{b_n x^n + b_{n-1}x^{n-1} + ... + b_1 x + b_0}$$

Definitionslücke x_0: $h(x_0) = 0$

Polstelle x_0: $h(x_0) = 0$ und $g(x_0) \neq 0$

Polstelle mit Vorzeichenwechsel: $\lim\limits_{x \to x_0 - 0} f(x) \neq \lim\limits_{x \to x_0 + 0} f(x)$

Polstelle ohne Vorzeichenwechsel: $\lim\limits_{x \to x_0 - 0} f(x) = \lim\limits_{x \to x_0 + 0} f(x)$

Die Gerade $g: x = x_0$ nennt man dann eine vertikale Asymptote.

stetig behebbare Definitionslücke x_0:

(1) $h(x_0) = g(x_0) = 0$ und zusätzlich
(2) Nach dem (ggf. mehrfachen) Kürzen von f durch $(x - x_0)$ gilt für den neuen Nenner $v^*(x_0) \neq 0$.

Verhalten im Unendlichen:

Bestimmung von $\lim\limits_{x \to +\infty} f(x)$ und $\lim\limits_{x \to -\infty} f(x)$

Bei einer gebrochenrationalen Funktion f mit Zählergrad m und Nennergrad n gilt für die Asymptote $a(x)$:

(a) $m < n \quad \Rightarrow a(x) = 0$ (x-Achse)
(b) $m = n \quad \Rightarrow a(x) = c$ mit $c \in \mathbb{R}\backslash\{0\}$ (Parallele zur x-Achse)
(c) $m = n + 1 \quad \Rightarrow a(x)$ ist eine lineare (schiefe) Asymptote
(d) $m > n + 1 \quad \Rightarrow a(x)$ ist eine nichtlineare Asymptote

Bei (c) und (d) muss die Polynomdivision angewendet werden.

Monotonieverhalten:

Wenn f in $J = [a; b]$ differenzierbar ist und für alle $x \in J$ gilt:

$f'(x) > 0 \quad \Rightarrow f(x)$ heißt im Intervall J streng monoton steigend
$f'(x) < 0 \quad \Rightarrow f(x)$ heißt im Intervall J streng monoton fallend
$f'(x) \geq 0 \quad \Rightarrow f(x)$ heißt im Intervall J monoton steigend
$f'(x) \leq 0 \quad \Rightarrow f(x)$ heißt im Intervall J monoton fallend

Nullstellen (Schnittpunkt mit der x-Achse):

$x_0 \in D$ ist eine Nullstelle, wenn $f(x_0) = 0$ ist. Zur Berechnung setzt man $f(x) = 0$ und löst die Gleichung nach x auf.

Globale Extrema:

Wenn für ein $x_0 \in D$ und für alle $x \in D$ gilt: $f(x_0) \geq f(x)$, dann hat f an der Stelle x_0 ein globales (absolutes) Maximum.

Wenn für ein $x_0 \in D$ und für alle $x \in D$ gilt: $f(x_0) \leq f(x)$, dann hat f an der Stelle x_0 ein globales (absolutes) Minimum.

Lokale Extrema:

$f'(x_0) = 0$ und $f''(x_0) < 0 \Rightarrow P(x_0|f(x_0))$ ist ein Hochpunkt und $f(x_0)$ ein lokales (relatives) Maximum.

$f'(x_0) = 0$ und $f''(x_0) > 0 \Rightarrow P(x_0|f(x_0))$ ist ein Tiefpunkt und $f(x_0)$ ein lokales (relatives) Minimum.

Krümmungsverhalten:

Wenn f im Intervall $J = [a; b]$ zweimal differenzierbar ist
und für alle $x \in J$ gilt:

$f''(x) > 0 \Rightarrow$ Der Graph von f ist auf J eine Linkskurve bzw. konvex
$f''(x) < 0 \Rightarrow$ Der Graph von f ist auf J eine Rechtskurve bzw. konkav

Wendepunkte und Sattelpunkte:

$f''(x_0) = 0$ und $f'''(x_0) \neq 0$
$\Rightarrow P(x_0|f(x_0))$ ist ein Wendepunkt und x_0 eine Wendestelle

$f'(x_0) = f''(x_0) = 0$ und $f'''(x_0) \neq 0$
$\Rightarrow P(x_0|f(x_0))$ ist ein Sattelpunkt (Spezialfall des Wendepunktes)

2.5 Tangente, Normale und Krümmungskreis

Tangente und Normale:

Tangente t zum Graphen von f im Punkt $P(x_0|f(x_0))$:

$t(x) = f'(x_0)(x - x_0) + f(x_0)$

Normale n zum Graphen von f im Punkt $P(x_0|f(x_0))$:

$$n(x) = \frac{-1}{f'(x_0)}(x - x_0) + f(x_0) \quad ,f'(x_0) \neq 0 \text{ (senkrecht zur Tangente)}$$

Krümmungskreis:

$f''(x_0) \neq 0 \Rightarrow$ Die Funktion f hat im Punkt $P(x_0|f(x_0))$ einen Krümmungskreis mit dem Radius r und dem Mittelpunkt $M(k_x|k_y)$.

Es gilt: $$r = \frac{(1 + f'(x_0))^{\frac{3}{2}}}{f''(x_0)}$$

$$k_x = x_0 - \frac{f'(x_0)(1 + [f'(x_0)]^2)}{f''(x_0)} \qquad k_y = f(x_0) + \frac{(1 + [f'(x_0)]^2)}{f''(x_0)}$$

Schnitt von zwei Kurven:

Schnittpunkt: $f(x_0) = g(x_0) = s \Rightarrow$ Die Graphen von f und g schneiden sich im Punkt $P(x_0|s)$

Schnittwinkel: $\tan(\alpha) = \left| \dfrac{f'(x_0) - g'(x_0)}{1 + f'(x_0) \cdot g'(x_0)} \right|$

Spezialfälle:

Berührung: $f(x_0) = g(x_0) = s$ und $f'(x_0) = g'(x_0)$ $\Rightarrow$ Die Graphen von f und g berühren sich in Punkt $P(x_0|s)$

Orthogonalität: $f(x_0) = g(x_0) = s$ und $f'(x_0) \cdot g'(x_0) = -1$ $\Rightarrow$ Die Graphen von f und g schneiden sich im Punkt $P(x_0|s)$ orthogonal zueinander

2.6 Integralrechnung

Stammfunktion:

F heißt Stammfunktion von f auf einem Intervall I, wenn für alle $x \in I$ gilt: $F'(x) = f(x)$

Unbestimmtes Integral:

Das unbestimmte Integral von f ist die Menge aller Stammfunktionen von f.

Schreibweise: $\int f(x)dx = F(x) + c$ (c ist die Integrationskonstante)

Bestimmtes Integral: $\int\limits_a^b f(x)dx$

Integralfunktion:

Ist die Funktion $f : u \to f(u)$ im Intervall $[a; b]$ stetig, dann heißt die Funktion F mit $F(x) = \int\limits_c^x f(u)du$, $x, c \in [a; b]$ Integralfunktion von f.

Hauptsatz der Differenzial- und Integralrechnung:

Wenn f auf dem Intervall $[a;b]$ stetig ist und F eine Stammfunktion zu f ist, dann gilt: $\int_a^b f(x)dx = F(b) - F(a) = [F(x)]_a^b = F(x)|_a^b$

Eigenschaften des bestimmten Integrals:

(1) $\int_a^a f(x)dx = 0$ (2) $\int_b^a f(x)dx = -\int_a^b f(x)dx$

(3) $\int_a^c f(x)dx = \int_a^b f(x)dx + \int_b^c f(x)dx \quad ,a \leq b \leq c$ (Intervalladditivität)

(4) $\int_a^b f(x)dx \pm \int_a^b g(x)dx = \int_a^b [f(x) \pm g(x)]dx$ (Summenregel)

(5) $\int_a^b k \cdot f(x)dx = k \cdot \int_a^b f(x)dx \quad ,k \in \mathbb{R}$ (Faktorregel)

(6) $f(x) \leq g(x)$ für alle $x \in [a;b] \Rightarrow \int_a^b f(x)dx \leq \int_a^b g(x)dx$ (Monotonie)

(7) $m \leq f(x) \leq M$ für alle $x \in [a;b]$
$\Rightarrow m(b-a) \leq \int_a^b f(x)dx \leq M(b-a)$ (Abschätzbarkeit)

Integrationsregeln:

Partielle Integration: $\int_a^b u'(x)v(x)dx = [u(x) \cdot v(x)]_a^b - \int_a^b u(x)v'(x)dx$

Substitutionsregel: $\int_a^b f(g(x)) \cdot g'(x)dx = \int_{g(a)}^{g(b)} f(t)dt$
mit $t = g(x)$ und $dt = g'(x)dx$

Lineare Substitution: $\int_a^b f(mx+b)dx = \left[\frac{1}{m} \cdot F(mx+b) + c\right]_a^b$
(m und b sind konstant)

Logarithmische Integration: $\int_a^b \frac{f'(x)}{f(x)}dx = [\ln(|f(x)|)]_a^b$

Spezielle Integrale:

$\int 0\,dx = c$	$\int \frac{1}{\sqrt{x^2-a^2}}dx$ $= \ln\left(\left\|x+\sqrt{x^2-a^2}\right\|\right)+c$
$\int a\,dx = ax + c$	$\int \sin(x)dx = -\cos(x) + c$
$\int x^n\,dx = \frac{1}{n+1}x^{n+1} + c$	$\int \cos(x)dx = \sin(x) + c$
$\int \frac{1}{x}\,dx = \ln(\|x\|) + c \quad (x \neq 0)$	$\int \tan(x)dx = -\ln(\|\cos(x)\|) + c$
$\int \ln(x)dx = x \cdot \ln(x) - x + c$	$\int \cot(x)dx = \ln(\|\sin(x)\|) + c$
$\int \log_a(x)dx$ $= \frac{1}{\ln(a)}(x \cdot \ln(x) - x) + c$	$\int \sin^2(x)dx=$ $\frac{1}{2}(x - \sin(x)\cdot\cos(x)) + c$
$\int a^x\,dx = \frac{a^x}{\ln(a)} + c$ $(a > 0,\ a \neq 1)$	$\int \cos^2(x)dx$ $= \frac{1}{2}(x + \sin(x)\cdot\cos(x)) + c$
$\int e^x\,dx = e^x + c$	$\int \tan^2(x)dx = \tan(x) - x + c$
$\int \frac{1}{(x-a)(x-b)}\,dx$ $= \frac{1}{a-b}\cdot\ln\left(\left\|\frac{x-a}{x-b}\right\|\right) + c$	$\int \frac{1}{\sin(x)}\,dx = \ln\left(\left\|\tan(\frac{x}{2})\right\|\right) + c$
$\int \frac{1}{x^2+a^2}\,dx = \frac{1}{a}\cdot\arctan(\frac{x}{a}) + c$	$\int \frac{1}{\cos(x)}dx = \ln\left(\left\|\tan\left(\frac{x}{2}+\frac{\pi}{4}\right)\right\|\right)+c$
$\int \frac{1}{\sqrt{x^2+a^2}}\,dx$ $=\ln(\|x+\sqrt{x^2+a^2}\|) + c$	$\int \frac{1}{\sin^2(x)}\,dx = -\cot(x) + c$
$\int \frac{1}{x^2-a^2}\,dx = \frac{1}{2a}\cdot\ln\left(\left\|\frac{x-a}{x+a}\right\|\right) + c$	$\int \frac{1}{\cos^2(x)}\,dx = \tan(x) + c$

Mittelwertsatz der Integralrechnung:

Wenn f im Intervall $[a; b]$ stetig ist, dann gilt für mindestens eine Stelle m mit $a \leq m \leq b$:

$$\frac{\int_a^b f(x)dx}{b-a} = f(m) \quad \text{bzw.}$$

$$\int_a^b f(x)dx = f(m) \cdot (b-a)$$

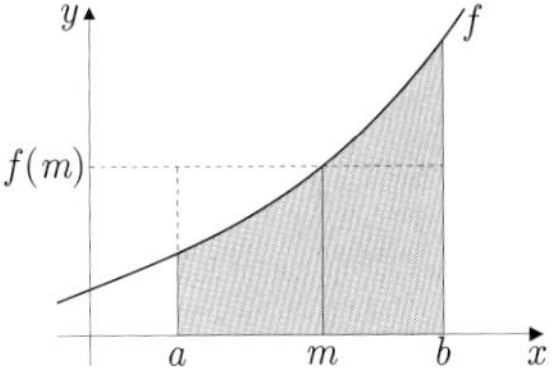

Unter- und Obersumme:

Die Funktion f sei auf dem Intervall $[a; b]$ stetig. Dieses Intervall wird in n Teilintervalle mit der gleichen Breite $h = \frac{b-a}{n}$ zerlegt.
Hinweise: Die Teilintervalle können auch unterschiedliche Breiten haben.

Untersumme: (dunkelgraue Fläche)
$U_n = h \cdot m_1 + h \cdot m_2 + ... + h \cdot m_n$
Dabei ist m_i für alle $i = 1, ..., n$ das Minimum im i-ten Teilintervall.

Obersumme: (dunkel- + hellgraue Fläche)
$O_n = h \cdot M_1 + h \cdot M_2 + ... + h \cdot M_n$
Dabei ist M_i für alle $i = 1, ..., n$ das Maximum im i-ten Teilintervall.

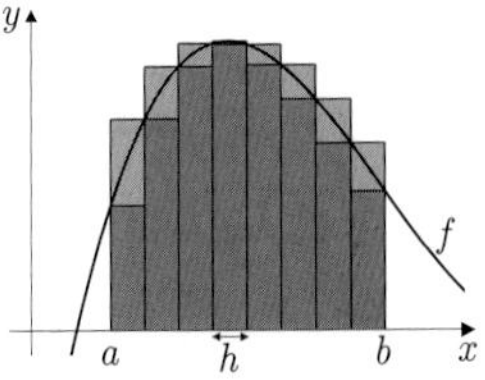

Näherungsverfahren zur Berechnung bestimmter Integrale:

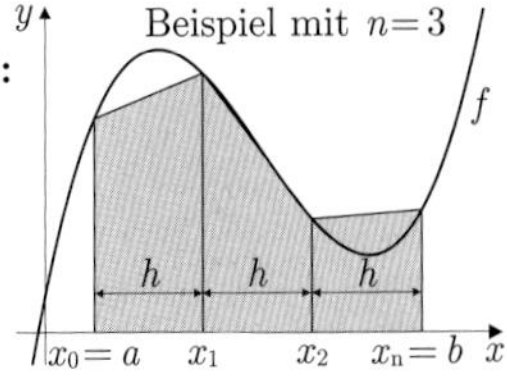

Trapezverfahren (Sekantenformel):

Mit $h = \frac{x_n - x_0}{n} = \frac{b-a}{n}$ erhält man für $A = \int_a^b f(x)dx$ folgende Näherung:

$$A \approx h \cdot (\tfrac{1}{2}f(x_0) + f(x_1) + f(x_2) + ... + f(x_{n-1}) + \tfrac{1}{2}f(x_n))$$

Simpsonsche Regel (Parabelformel):

Der Flächeninhalt $A = \int\limits_a^b f(x)dx$ wird durch n Teilflächen mit jeweils der Breite $h = \frac{b-a}{n}$ unter Verwendung von Parabelbögen angenähert.
Dabei gilt: $x_0 = a, x_1 = a + h, x_2 = a + 2h, ..., x_n = b$ (n ist gerade)

$$A \approx \frac{h}{3} \cdot [f(x_0) + f(x_n) + 2 \cdot (f(x_2) + f(x_4) + ... + f(x_{n-2})) \\ +4 \cdot (f(x_1) + f(x_3) + ... + f(x_{n-1}))]$$

Keplersche Fassregel:

Ist $n = 2$ ergibt sich aus der Simpsonschen Regel die Keplersche Fassregel als Spezialfall. Mit der Teilintervallbreite $h = \frac{x_2 - x_0}{2}$ gilt:

$$A \approx \frac{h}{3}(f(x_0) + 4f(x_1) + f(x_2))$$

Flächenberechnung mit Integralen:

Flächeninhalt zwischen Graph und x-Achse:

(1) $f(x) \geq 0$ für alle $x \in [a; b]$

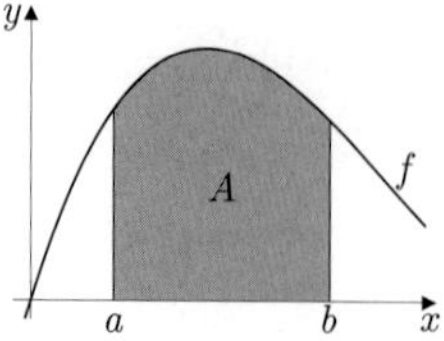

$\Rightarrow A = \int\limits_a^b f(x)dx$

(2) $f(x) \leq 0$ für alle $x \in [a; b]$

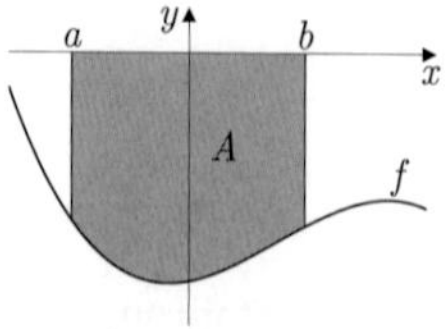

$\Rightarrow A = \left| \int\limits_a^b f(x)dx \right| = - \int\limits_a^b f(x)dx$

(3) f hat die Nullstellen x_1 und x_2 in $[a;b]$

$\Rightarrow A = A_1 + A_2 + A_3$

$$A = \int_a^{x_1} f(x)dx + \left|\int_{x_1}^{x_2} f(x)dx\right| + \int_{x_2}^{b} f(x)dx$$

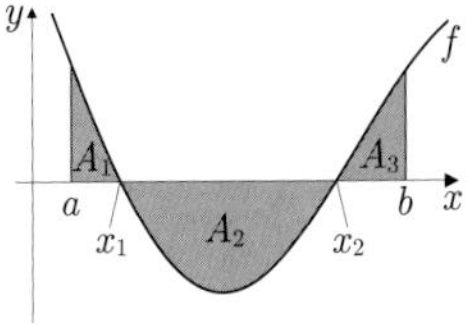

Flächeninhalt zwischen zwei Graphen:

(1) $f(x) \geq g(x)$ für alle $x \in [a;b]$

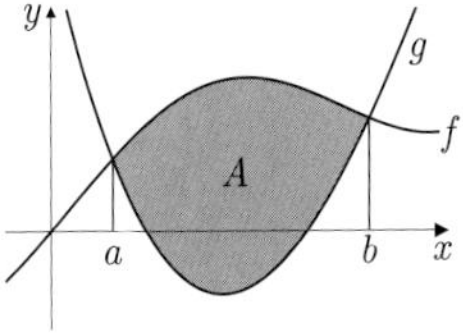

$$\Rightarrow A = \int_a^b [f(x) - g(x)]dx$$

(2) $f(x_1) = g(x_1)$ für $x_1 \in [a;b]$

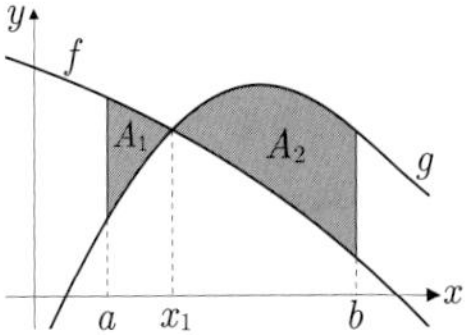

$$\Rightarrow A = A_1 + A_2 = \int_a^{x_1} [f(x) - g(x)]dx + \int_{x_1}^{b} [g(x) - f(x)]dx$$

Rotationskörper:

Rotation um die x-Achse:

Volumen V_x und Mantelfläche M_x bei Rotation des Graphen von f um die x-Achse im Intervall $[a,b]$:

$$V_x = \pi \int_a^b [f(x)]^2 dx$$

$$M_x = 2\pi \int_a^b f(x)\sqrt{1 + [f'(x)]^2} dx$$

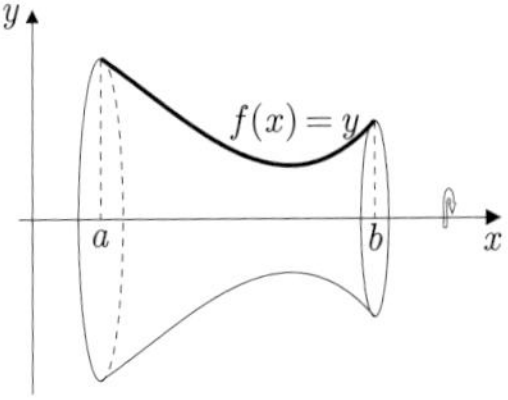

Rotation um die y-Achse:

Volumen V_y und Mantelfläche M_y bei Rotation des Graphen von g um die y-Achse im Intervall $[a, b]$. $g(y)$ ist die Umkehrfunktion von $f(x)$.

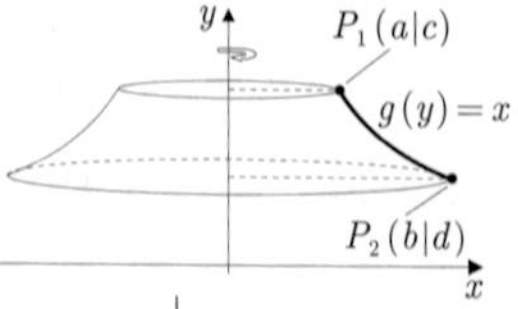

$$V_y = \left|\pi \int_c^d x^2 dy\right| = \left|\pi \int_c^d [g(y)]^2 dy\right| = \left|\pi \int_a^b x^2 f'(x) dx\right|$$

$$M_y = 2\pi \int_c^d x\sqrt{1 + (x')^2} dy = 2\pi \int_c^d g(y)\sqrt{1 + [g'(y)]^2} dy$$

Bogenlänge:

Die Bogenlänge des Graphen von f zwischen den Punkten $P(a|f(a))$ und $Q(b|f(b))$ wird folgendermaßen berechnet: $s = \int_a^b \sqrt{1 + [f'(x)]^2} dx$

2.7 Differenzialgleichungen

Definition:

Eine gewöhnliche Differenzialgleichung (DGL) ist eine Gleichung, in der mindestens eine Ableitung der gesuchten Funktion $y = f(x)$ auftritt.

$\boxed{F\left(x, y, y', ..., y^{(n)}\right) = 0}$ (gewöhnliche DGL n-ter Ordnung)

Lineare Differenzialgleichungen:

1. Ordnung:

$y' + a \cdot y = s$ bzw.
$f'(x) + a \cdot f(x) = s$

2. Ordnung

$y'' + a_1 \cdot y' + a_2 \cdot y = s$ bzw.
$f''(x) + a_1 \cdot f'(x) + a_2 \cdot f(x) = s$

a_1, a_2 und s können auch Funktionen von x sein (hier nur Betrachtung von Konstanten). Ist $s = 0$ dann wird die DGL als homogen bezeichnet, sonst als inhomogen.

Keine Masse?
Klasse!
www.waldmann-weinold.de

Lineare DGL 1. Ordnung mit konstanten Koeffizienten:

Gleichung: $y' + a \cdot y = s \qquad (a, s \in \mathbb{R})$

Lösung:
Fall 1: $a = 0$ und $s \neq 0 \Rightarrow y = s \cdot x + c \quad (c \neq 0)$
Fall 2: $a \neq 0$ und $s = 0 \Rightarrow y = c \cdot e^{-ax} \quad (c \neq 0)$
Fall 3: $a \neq 0$ und $s \neq 0 \Rightarrow y = c \cdot e^{-ax} + \frac{s}{a} \quad (c \neq 0)$

Spezielle Typen von DGL 1. Ordnung:

Gleichung	**Lösung**
$y' = g(x) \cdot h(y)$	$\int \frac{1}{h(y)} dy = \int g(x) dx + C$ mit $h(y) \neq 0$
$y' = f(ax + by + c)$	$x = \int \frac{1}{a + b \cdot f(t)} dt + C$ mit $t = ax + by + c$
$y' = f\left(\frac{y}{x}\right)$	$x = C \cdot e^{\int \frac{1}{f(t) - t} dt}$ mit $t = \frac{y}{x}$

Lineare DGL 2. Ordnung mit konstanten Koeffizienten:

Gleichung: $y'' + a_1 \cdot y' + a_2 \cdot y = s \qquad (a_1, a_2, s \in \mathbb{R})$

allgemeine Lösungen für homogene Gleichungen: $(C_1, C_2 \in \mathbb{R})$

Lösungsansatz: $y = e^{\lambda x}$
charakteristische Gleichung: $\lambda^2 + a_1 \cdot \lambda + a_2 = 0$

Fall 1: $\frac{a_1^2}{4} - a_2 > 0 \Rightarrow y = C_1 \cdot e^{\lambda_1 x} + C_2 \cdot e^{\lambda_2 x}$
mit $\lambda_{1,2} = -\frac{a_1}{2} \pm \sqrt{\frac{a_1^2}{4} - a_2}$

Fall 2: $\frac{a_1^2}{4} - a_2 = 0 \Rightarrow y = C_1 \cdot e^{\lambda x} + C_2 \cdot x \cdot e^{\lambda x}$ mit $\lambda = -\frac{a_1}{2}$

Fall 3: $\frac{a_1^2}{4} - a_2 < 0 \Rightarrow y = C_1 \cdot e^{-\frac{a_1}{2} x} \cdot \cos(bx) + C_2 \cdot e^{-\frac{a_1}{2} x} \cdot \sin(bx)$
mit $b = \sqrt{a_2 - \frac{a_1^2}{4}}$

Anwendungen der Differenzialgleichungen:

$y(t)$:	Bestand zum Zeitpunkt t
y_0:	Anfangswert in $t = 0$
S:	Sättingungsgrenze \ Wachstumsgrenze
k:	Wachstumsrate

Lineares Wachstum: $y(t) = k \cdot t + y_0 \quad (k \in \mathbb{R})$

Differenzialgleichung: $y'(t) = k$

allgemeine Lösung: $y(t) = k \cdot t + c \quad (c \in \mathbb{R})$

Exponentielles Wachstum: $y(t) = y_0 \cdot (1+c)^t \quad (c > -1 \text{ und } c \neq 0)$

Differenzialgleichung: $y'(t) = k \cdot y(t)$

allgemeine Lösung: $y(t) = y_0 \cdot e^{kt}$ mit $k = \ln(1+c)$

Beschränktes Wachstum:

Differenzialgleichung: $y'(t) = k \cdot (S - y(t)) \quad (k > 0)$

allgemeine Lösung: $y(t) = S - (S - y_0) \cdot e^{-kt}$

Logistisches Wachstum:

Differenzialgleichung: $y'(t) = k \cdot y(t) \cdot (S - y(t)) \quad (k > 0)$

allgemeine Lösung: $y(t) = \dfrac{y_0 \cdot S}{y_0 + (S - y_0) \cdot e^{-kSt}}$

3 Lineare Algebra

$A_{(m,n)}$:	Matrix A mit m Zeilen und n Spalten (kurz: A)
A^T:	transponierte Matrix von A
A^{-1}:	inverse Matrix zu A
$\det A$:	Determinante der Matrix A
U_{ik}:	Unterdeterminante
A_{ik}:	Adjunkte des Elements a_{ik}

3.1 Matrizen

Matrix:

Eine (m,n)-Matrix ist ein rechteckiges System von $m \cdot n$ Elementen (Komponenten) a_{ik} mit m Zeilen und n Spalten.

$$A = A_{(m,n)} = (a_{ik})_{(m,n)} = \begin{pmatrix} a_{11} & a_{12} & \dots & a_{1n} \\ a_{21} & a_{22} & \dots & a_{2n} \\ \dots & \dots & \dots & \dots \\ a_{m1} & a_{m2} & \dots & a_{mn} \end{pmatrix}$$

Zeilenvektor:

Der $i-$te Zeilenvektor einer (m,n)-Matrix ist eine Matrix mit einer Zeile und n Spalten: $\vec{a}^i = (a_{i1}, a_{i2}, ..., a_{in})$

Spaltenvektor:

Der $k-$te Spaltenvektor einer (m,n)-Matrix ist eine Matrix mit einer Spalte und m Zeilen: $\vec{a}_k = \begin{pmatrix} a_{1k} \\ a_{2k} \\ \vdots \\ a_{mk} \end{pmatrix}$

Elementare Matrizenumformungen:

(1) Vertauschen zweier Zeilen
(2) Multiplizieren der Elemente einer Zeile mit einer reellen Zahl $r \neq 0$
(3) Zu einer Zeile wird eine andere Zeile addiert

Rang r einer Matrix: r ist gleich

- der maximalen Anzahl von linear unabhängigen Zeilen- bzw. Spaltenvektoren.
- der Minimalzahl der vom Nullvektor verschiedenen Zeilen- bzw. Spaltenvektoren, die durch elementare Matrizenumformungen erzeugt werden können.

Quadratische Matrizen: (n, n)-Matrizen

Eine quadratische Matrix hat genauso viele Spalten wie Zeilen.

Hauptdiagonale:

Die Hauptdiagonale besteht aus den Elementen $a_{11}, a_{22}, a_{33}, ..., a_{nn}$.

Nebendiagonale:

Die Nebendiagonale besteht aus den Elementen
$a_{1n}, a_{2n-1}, a_{3n-2}, ..., a_{n1}$.

obere/untere Dreiecksmatrix:

Alle Elemente unterhalb/oberhalb der Hauptdiagonalen sind gleich 0.

Diagonalmatrix:

Alle Elemente außerhalb der Hauptdiagonalen sind gleich 0.

Einheitsmatrix E:

Eine Einheitsmatrix ist eine Diagonalmatrix, bei der alle Elemente auf der Hauptdiagonalen gleich 1 sind.

Rechenregel: $A \cdot E = E \cdot A = A$

Spezielle Matrizen:

transponierte Matrix A^T:

Übernimmt man die Zeilen einer (m, n)-Matrix A als Spalten in eine (n, m)-Matrix A^T, dann nennt man A^T die transponierte Matrix zu A.

Rechenregeln: $(A^T)^T = A \qquad (rA)^T = rA^T \qquad (A+B)^T = A^T + B^T$

symmetrische Matrix:

Eine quadratische Matrix ist symmetrisch, wenn $A = A^T$ gilt.

schiefsymmetrische Matrix:

Eine quadratische Matrix ist schiefsymmetrisch, wenn $-A = A^T$ gilt.

Nullmatrix 0:

Bei der Nullmatrix 0 sind alle Elemente gleich 0 (m, n beliebig).

erweiterte Matrix:

Die erweiterte Matrix $A|B$ erhält man, indem man die (m, n)-Matrix A und die (m, s)-Matrix B folgendermaßen zusammenfügt:

$$A|B = \left(\begin{array}{cccc|cccc} a_{11} & a_{12} & \dots & a_{1n} & b_{11} & b_{12} & \dots & b_{1n} \\ a_{21} & a_{22} & \dots & a_{2n} & b_{21} & b_{22} & \dots & b_{2n} \\ \dots & \dots & \dots & \dots & \dots & \dots & \dots & \dots \\ a_{m1} & a_{m2} & \dots & a_{mn} & b_{m1} & b_{m2} & \dots & b_{ms} \end{array}\right)$$

Untermatrix zu einem Element:

Streicht man aus einer (m, n)-Matrix A die i-te Zeile und die k-te Spalte, dann erhält man die zu dem Element a_{ik} zugehörige Untermatrix vom Typ $(m-1, n-1)$.

inverse Matrix A^{-1}:

Die inverse Matrix A^{-1} zur quadratischen Matrix A existiert genau dann, wenn der Rang von A gleich n ($\Leftrightarrow$ det $A \neq 0$) und $A \cdot A^{-1} = A^{-1} \cdot A = E$ ist.

Berechnung der inversen Matrix in zwei Schritten:

Schritt 1: Bilden der erweiterten Matrix $A|E$.

Schritt 2: Überführung der Matrix $A|E$ durch elementare Zeilenumformungen in die Form $E|A^{-1}$.

Es gilt:	$(A^{-1})^{-1} = A$	$(A^{-1})^T = (A^T)^{-1}$
	$(rA)^{-1} = \frac{1}{r} \cdot A^{-1}$	$(A \cdot B)^{-1} = B^{-1} \cdot A^{-1}$

3.2 Rechnen mit Matrizen

Addition/Subtraktion:

Die Addition und Subtraktion ist nur für Matrizen mit derselben Zeilen- und Spaltenanzahl m und n ($A_{(m,n)}$ und $B_{(m,n)}$) definiert:

$$A \pm B = \begin{pmatrix} a_{11} \pm b_{11} & a_{12} \pm b_{12} & \dots & a_{1n} \pm b_{1n} \\ a_{21} \pm b_{21} & a_{22} \pm b_{22} & \dots & a_{2n} \pm b_{2n} \\ \dots & \dots & \dots & \dots \\ a_{m1} \pm b_{m1} & a_{m2} \pm b_{m2} & \dots & a_{mn} \pm b_{mn} \end{pmatrix}$$

Rechenregeln:

$A + B = B + A \qquad (A + B) + C = A + (B + C) \qquad A + 0 = A$

$A - A = 0 \qquad (A + B)^T = A^T + B^T$

Multiplikation einer Matrix mit einer reellen Zahl r:

$$rA = r \begin{pmatrix} a_{11} & a_{12} & \dots & a_{1n} \\ a_{21} & a_{22} & \dots & a_{2n} \\ \dots & \dots & \dots & \dots \\ a_{m1} & a_{m2} & \dots & a_{mn} \end{pmatrix} = \begin{pmatrix} ra_{11} & ra_{12} & \dots & ra_{1n} \\ ra_{21} & ra_{22} & \dots & ra_{2n} \\ \dots & \dots & \dots & \dots \\ ra_{m1} & ra_{m2} & \dots & ra_{mn} \end{pmatrix}$$

Rechenregeln:

$(r + s)A = rA + sA \qquad 1 \cdot A = A \qquad r(sA) = (rs)A$

$r(A + B) = rA + rB \qquad 0 \cdot A = 0$

Multiplikation von Matrizen:

Bedingung: Die Spaltenanzahl von A ist gleich der Zeilenanzahl von B. (A und B sind verkettbar.)

$$A_{(m,n)} \cdot B_{(n,p)} = C_{(m,p)} \quad \text{mit } c_{ik} = a_{i1}b_{1k} + ... + a_{in}b_{nk} = \sum_{j=1}^{n} a_{ij}b_{jk}$$

C hat so viele Zeilen wie A und Spalten wie B.

Rechenregeln:

$(A + B) \cdot C = A \cdot C + B \cdot C \qquad (rA) \cdot (sB) = rs(A \cdot B)$

$(A \cdot B) \cdot C = A \cdot (B \cdot C) \qquad (A \cdot B)^T = B^T \cdot A^T$

Im Allgemeinen gilt: $A \cdot B \neq B \cdot A$

Falk'sches Schema: Hilfsmittel zur Berechnung von $A \cdot B$

$\mathbf{A}_{(\mathbf{m},\mathbf{n})} \cdot \mathbf{B}_{(\mathbf{n},\mathbf{p})}$			b_{11}	...	b_{1k}	...	b_{1p}
			...	...	...	...	....
			b_{n1}	...	b_{nk}	...	b_{np}
a_{11}	...	a_{1n}	c_{11}	...	c_{1k}	...	c_{1p}
...	...	...	...	...	...	...	...
a_{i1}	...	a_{in}	c_{i1}	...	c_{ik}	...	c_{ip}
...	...	...	...	...	...	...	...
a_{m1}	...	a_{mn}	c_{m1}	...	c_{mk}	...	c_{mp}

Man erhält das Element c_{ik} von C, indem man den Zeilenvektor i der Matrix A und Spaltenvektor k der Matrix B folgendermaßen miteinander multipliziert:

$c_{ik} = \vec{a}^i \cdot \vec{b}_k = a_{i1}b_{1k} + ... + a_{in}b_{nk} \quad (i = 1, ..., m; k = 1, ..., p)$

3.3 Determinanten

Definition:

Jeder quadratischen Matrix $A_{(n,n)}$ kann eine eindeutige reelle Zahl zugeordnet werden. Diese nennt man n-reihige Determinante oder Determinante n-ter Ordnung.

$$\det A = \begin{vmatrix} a_{11} & a_{12} & \cdots & a_{1n} \\ a_{21} & a_{22} & \cdots & a_{2n} \\ \cdots & \cdots & \cdots & \cdots \\ a_{n1} & a_{n2} & \cdots & a_{nn} \end{vmatrix}$$

Für Determinanten gilt:

(1) $\det A = \det A^T$

(2) Die Determinante bleibt gleich, wenn man zu einer Zeile (Spalte) das k-fache einer anderen Zeile (Spalte) addiert.

(3) Vertauscht man zwei Zeilen (Spalten) von A, dann ändert sich das Vorzeichen der Determinante.

(4) Multipliziert man eine Zeile (Spalte) von A mit $k \in \mathbb{R}$, dann muss die Determinante ebenfalls mit k multipliziert werden.

(5) Wenn eine Zeile (Spalte) das Vielfache einer anderen ist, dann gilt: $\det A = 0$

(6) Wenn eine Zeile (Spalte) nur aus Nullen besteht, dann gilt: $\det A = 0$

(7) $\det A \cdot \det B = \det A \cdot B \quad$ und $\quad \det A \cdot \det A^{-1} = 1$

Unterdeterminante und Adjunkte:

Streicht man in der Matrix A die i-te Zeile und die k-te Spalte, dann ist dieser Untermatrix die Unterdeterminante U_{ik} zugeordnet.

Die Adjunkte A_{ik} des Elements a_{ik} erhält man, indem man die Unterdeterminante mit dem Faktor $(-1)^{i+k}$ multipliziert:
$A_{ik} = (-1)^{i+k} U_{ik}$

zweireihige Determinanten:

$$\det A = \begin{vmatrix} a_{11} & a_{12} \\ a_{21} & a_{22} \end{vmatrix} = a_{11}a_{22} - a_{12}a_{21}$$

dreireihige Determinanten:

$$\det A = \begin{vmatrix} a_{11} & a_{12} & a_{13} \\ a_{21} & a_{22} & a_{23} \\ a_{31} & a_{32} & a_{33} \end{vmatrix} = a_{11} \begin{vmatrix} a_{22} & a_{23} \\ a_{32} & a_{33} \end{vmatrix} - a_{12} \begin{vmatrix} a_{21} & a_{23} \\ a_{31} & a_{33} \end{vmatrix} + a_{13} \begin{vmatrix} a_{21} & a_{22} \\ a_{31} & a_{32} \end{vmatrix}$$

Regel von Sarrus bei dreireihigen Determinanten:

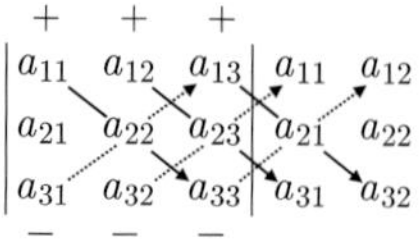

$$\det A = \begin{array}{l} a_{11}a_{22}a_{33} + a_{12}a_{23}a_{31} + a_{13}a_{21}a_{32} \\ -a_{31}a_{22}a_{13} - a_{32}a_{23}a_{11} - a_{33}a_{21}a_{12} \end{array}$$

n-reihige Determinanten:

Die n-reihige Determinante einer Matrix $A_{(n,n)}$ kann nach jeder Zeile oder Spalte mit Hilfe des Laplaceschen Entwicklungssatzes entwickelt werden.

Entwicklung nach der i-ten Zeile:

$$\det A = \sum_{k=1}^{n} a_{ik} A_{ik} = \sum_{k=1}^{n} a_{ik} (-1)^{i+k} U_{ik} \quad \text{für alle } i = 1, ..., n$$

Entwicklung nach der k-ten Spalte:

$$\det A = \sum_{i=1}^{n} a_{ik} A_{ik} = \sum_{i=1}^{n} a_{ik} (-1)^{i+k} U_{ik} \quad \text{für alle } k = 1, ..., n$$

3.4 Lineare Gleichungssysteme

Darstellung:

Lineares Gleichungssystem (LGS) mit m Gleichungen und n Variablen:

$$\begin{array}{l} a_{11}x_1 + a_{12}x_2 + ... + a_{1n}x_n = b_1 \\ a_{21}x_1 + a_{22}x_2 + ... + a_{2n}x_n = b_2 \\ \quad ... \qquad\qquad ... \\ a_{m1}x_1 + a_{m2}x_2 + ... + a_{mn}x_n = b_m \end{array}$$

Ein LGS heißt homogen, wenn alle Konstanten b_i gleich 0 sind.
Ist dies nicht der Fall, wird ein LGS als inhomogen bezeichnet.

Matrixschreibweise:

$$A \cdot \vec{x} = \vec{b} \quad \Leftrightarrow \quad \begin{pmatrix} a_{11} & a_{12} & \cdots & a_{1n} \\ a_{21} & a_{22} & \cdots & a_{2n} \\ \cdots & \cdots & \cdots & \cdots \\ a_{m1} & a_{n2} & \cdots & a_{mn} \end{pmatrix} \cdot \begin{pmatrix} x_1 \\ x_2 \\ \vdots \\ x_n \end{pmatrix} = \begin{pmatrix} b_1 \\ b_2 \\ \vdots \\ b_m \end{pmatrix}$$

A: Koeffizientenmatrix $\vec{x}$: Lösungsvektor $\vec{b}$: Konstantenvektor
$S = A|\vec{b}$: Systemmatrix oder erweiterte Koeffizientenmatrix (Seite 50)

Lösung mit dem Determinantenverfahren:

$x_i = \frac{\det A_i}{\det A}$ (Cramersche Regel) mit

det A: Koeffizientendeterminante det A_i: Zählerdeterminante

det A_i bildet man, indem man in det A die i-te Spalte durch $\vec{b}$ ersetzt.

Lösbarkeitskriterien:

Homogenes System: (siehe Seite 55)
$\det A \neq 0 \quad \Rightarrow$ eindeutige Lösung (Nullvektor)
$\det A = 0 \quad \Rightarrow$ unendlich viele Lösungen

Inhomogenes System: (siehe Seite 55)
$\det A \neq 0 \quad \Rightarrow$ eindeutige Lösung (Cramersche Regel)
$\det A = 0$ und $\det A_i = 0$ für alle $i \quad \Rightarrow$ unendlich viele Lösungen
$\det A = 0$ und nicht alle $\det A_i = 0 \quad \Rightarrow$ keine Lösung

Lösung mit dem Gauß-Verfahren:

Man bringt das Gleichungssystem durch elementare Matrizenumformungen (siehe Seite 48) in eine Dreicks- bzw. Staffelform:

$$\begin{aligned} a_{11}x_1 + a_{12}x_2 + \ldots + a_{1n}x_n &= b_1 \\ + a'_{22}x_2 + \ldots + a'_{2n}x_n &= b'_2 \\ &\vdots \\ a'_{nn}x_n &= b'_n \end{aligned} \qquad \Rightarrow x_n = \frac{b'_n}{a'_{nn}}$$

Nachdem man x_n berechnet hat, kann man x_{n-1} bis x_1 durch schrittweises Einsetzen von unten nach oben errechnen.

Lösbarkeitskriterien:

Homogenes System: (siehe Seite 55)
$\text{rang}\, A = n \quad \Rightarrow$ eindeutige Lösung (Nullvektor)
$\text{rang}\, A < n \quad \Rightarrow$ unendlich viele Lösungen

Inhomogenes System: (siehe Seite 55)

Rang $A =$ Rang $S = n$	$\Rightarrow$	eindeutige Lösung
Rang $A =$ Rang $S < n$	$\Rightarrow$	unendlich viele Lösungen
Rang $A <$ Rang S	$\Rightarrow$	keine Lösung

4 Stochastik

n:	Länge (Umfang) einer Stichprobe
x_i:	Ergebnisse einer Stichprobe (Urliste) $(i = 1, ..., n)$
x_j:	mögliche Merkmalsausprägungen $(j = 1, ..., k)$
n_j:	absolute Häufigkeiten der Merkmalsausprägungen x_j $(j = 1, ..., k)$
h_j:	relative Häufigkeiten der Merkmalsausprägungen x_j $(j = 1, ..., k)$
$\overline{x}$:	arithmetisches Mittel
s^2:	Varianz
s:	Standardabweichung
s_{xy}:	Kovarianz
r_{xy}:	Korrelationskoeffizient
Ω:	Ereignismenge bei einem Zufallsexperiment
$\emptyset$:	unmögliches Ereignis eines Zufallsexperiments
$A \cup B$:	Vereinigung der Ereignisse A und B
$A \cap B$:	Durchschnitt der Ereignisse A und B
$P(A\|B)$:	Bedingte Wahrscheinlichkeit (A wenn B)
$f(x)$:	Wahrscheinlichkeits- bzw. Dichtefunktion
$F(x)$:	Verteilungsfunktion
$X \sim$:	Kurzschreibweise für die Verteilung der Zufallsvariablen X
$E(X)$:	Erwartungswert μ der Zufallsvariablen X
$V(X)$:	Varianz σ^2 der Zufallsvariablen X
$\varphi(z)$:	Dichtefunktion der Standardnormalverteilung
$\Phi(z)$:	Verteilungsfunktion der Standardnormalverteilung
$B(n; p)$:	binomialverteilt mit den Parametern n und p
$N(\mu; \sigma)$:	normalverteilt mit den Parametern μ und σ
z_α:	α-Quantil der Standardnormalverteilung (siehe Tabelle)

4.1 Beschreibende Statistik

Grundgesamtheit und Stichprobe:

Die Grundgesamtheit bei statistischen Erhebungen ist die Gesamtheit aller Objekte, die auf ein bestimmtes Merkmal untersucht werden. Dieses Merkmal besitzt unterschiedliche Merkmalsausprägungen.

Bei einer Stichprobe vom Umfang n zieht man n Stichprobenwerte aus der Grundgesamtheit.

Urliste, Häufigkeitstabelle, absolute und relative Häufigkeiten:

Sind die Stichprobenwerte x_i $(i = 1, ..., n)$ in ungeordneter Reihenfolge, so spricht man von einer Urliste .

Die Häufigkeitstabelle gibt an, wie häufig jede der k möglichen Merkmalsausprägungen $x_j (j = 1, ..., k)$ beobachtet wurden (absolute Häufigkeit) und wie hoch der Anteil der beobachteten Merkmalsausprägungen ist (relative Häufigkeit).

absolute Häufigkeiten: n_j mit $j = 1, ..., k$

relative Häufigkeiten: $h_j = \dfrac{n_j}{n}$ mit $j = 1, ..., k$.

Lagemaße von Stichproben:

Arithmetisches Mittel:

bei Urliste: $$\overline{x} = \frac{x_1 + x_2 + ... + x_n}{n} = \frac{1}{n}\sum_{i=1}^{n} x_i$$

bei Häufigkeitstabelle (gewogenes arithmetisches Mittel):

$$\overline{x} = \frac{x_1 \cdot n_1 + x_2 \cdot n_2 + ... + x_k \cdot n_k}{n} = \frac{1}{n}\sum_{j=1}^{k} x_j \cdot n_j \qquad \text{(mit abs. Häuf.)}$$

$$\overline{x} = x_1 \cdot h_1 + x_2 \cdot h_2 + ... + x_k \cdot h_k = \sum_{j=1}^{k} x_j \cdot h_j \qquad \text{(mit rel. Häuf.)}$$

Harmonisches Mittel: $$\overline{x}_{harm} = \frac{n}{\frac{1}{x_1} + \frac{1}{x_2} + ... + \frac{1}{x_n}} = \frac{n}{\sum_{i=1}^{n} \frac{1}{x_i}}$$

Geometrisches Mittel: $\overline{x}_{geom} = \sqrt[n]{x_1 \cdot x_2 \cdot ... \cdot x_n} = \sqrt[n]{\prod_{i=1}^{n} x_i} \quad (x_i > 0)$

Modalwert (Modus) m:

m ist der am häufigsten vorkommende Wert in der Stichprobe. Es sind bis zu n Modalwerte möglich.

Zentralwert (Median):

Ordnet man die n Werte der Urliste der Größe nach an und ist n ungerade, dann ist der Zentralwert der in der Mitte stehende Wert der Urliste. Ist n gerade, dann bildet man das arithmetische Mittel von den beiden Werten, die in der Mitte stehen.

Streuungsmaße von Stichproben:

Empirische Varianz:

bei Urliste:

$$s^2 = \frac{(x_1 - \overline{x})^2 + (x_2 - \overline{x})^2 + ... + (x_n - \overline{x})^2}{n} = \frac{1}{n} \sum_{i=1}^{n} (x_i - \overline{x})^2 \quad \text{oder}$$

$$s^2 = \frac{1}{n}(x_1^2 + x_2^2 + ... + x_n^2) - \overline{x}^2 = \frac{1}{n} \sum_{i=1}^{n} x_i^2 - \overline{x}^2$$

bei Häufigkeitstabelle (mit absoluten Häufigkeiten):

$$s^2 = \frac{(x_1 - \overline{x})^2 \cdot n_1 + (x_2 - \overline{x})^2 \cdot n_2 + ... + (x_k - \overline{x})^2 \cdot n_k}{n} \quad \text{bzw.}$$

$$s^2 = \frac{1}{n} \sum_{j=1}^{k} (x_j - \overline{x})^2 n_j = \frac{1}{n} \sum_{j=1}^{k} n_j {x_j}^2 - \overline{x}^2$$

bei Häufigkeitstabelle (mit relativen Häufigkeiten):

$$s^2 = (x_1 - \overline{x})^2 \cdot h_1 + (x_2 - \overline{x})^2 \cdot h_2 + ... + (x_k - \overline{x})^2 \cdot h_k \quad \text{bzw.}$$

$$s^2 = \sum_{j=1}^{k} (x_j - \overline{x})^2 \cdot h_j = \sum_{j=1}^{k} h_j {x_j}^2 - \overline{x}^2$$

Standardabweichung: $s = \sqrt{s^2}$

Mittlere absolute Abweichung:

$$d = \frac{|x_1 - \overline{x}| + |x_2 - \overline{x}| + ... + |x_n - \overline{x}|}{n} = \frac{1}{n} \sum_{i=1}^{n} |x_i - \overline{x}|$$

Spannweite: $Spannweite = x_{max} - x_{min}$

Differenz zwischen dem größten und dem kleinsten Wert einer Stichprobe.

Interquartilsabstand (Halbweite): $Q = x_{0,75} - x_{0,25}$

Ordnet man die n Werte der Urliste der Größe nach an, dann gibt Q die Differenz zwischen den beiden Stichprobenwerten an, die die mittleren 50 Prozent der Stichprobenwerte einschließen.

Korrelation und Regressionsgerade:

Es liegen n Stichprobenpaare $(x_1; y_1), (x_2; y_2), ..., (x_n; y_n)$ vor.

Kovarianz:

$$s_{xy} = \frac{(x_1 - \overline{x})(y_1 - \overline{y}) + (x_2 - \overline{x})(y_2 - \overline{y}) + ... + (y_n - \overline{y})(x_n - \overline{x})}{n}$$

$$= \frac{1}{n} \sum_{i=1}^{n} (x_i - \overline{x})(y_i - \overline{y})$$ oder einfacher zu berechnen mit:

$$s_{xy} = \frac{1}{n}(x_1 y_1 + x_2 y_2 + ... + x_n y_n) - \overline{x} \cdot \overline{y} = \frac{1}{n} \sum_{i=1}^{n} x_i y_i - \overline{x} \cdot \overline{y}$$

Korrelationskoeffizient:

$$r_{xy} = \frac{s_{xy}}{\sqrt{s_x^2 \cdot s_y^2}} = \frac{s_{xy}}{s_x \cdot s_y}$$

$$= \frac{(x_1 - \overline{x})(y_1 - \overline{y}) + ... + (y_n - \overline{y})(x_n - \overline{x})}{\sqrt{(x_1 - \overline{x})^2 + ... + (x_n - \overline{x})^2} \cdot \sqrt{(y_1 - \overline{y})^2 + ... + (y_n - \overline{y})^2}}$$

Regressionsgerade:

$$y = \frac{s_{xy}}{s_x^2}(x - \overline{x}) + \overline{y}$$
$$= \frac{r_{xy} \cdot s_y}{s_x}(x - \overline{x}) + \overline{y}$$

Die Regressionsgerade wird so bestimmt, dass die Streuung der Stichprobenpaare um die Regressionsgerade minimal ist.

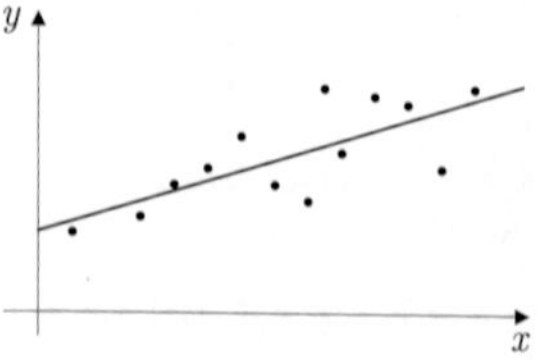

4.2 Grundlagen der Wahrscheinlichkeitsrechnung

Zufallsexperiment und Ergebnis:

Bei einem Zufallsexperiment tritt eines von mehreren möglichen, sich gegenseitig ausschließenden Ergebnissen ein.

Ergebnismenge, Ereignis, Ereignismenge

Die Ergebnismenge Ω (oder auch S) besteht aus allen möglichen Ergebnissen.

Jede Teilmenge A der Ergebnismenge Ω wird als Ereignis bezeichnet.

Die Menge aller Teilmengen von Ω heißt Ereignismenge.

Spezielle Ereignisse:

Elementarereignis:	Es besteht aus nur einem Ergebnis.
sicheres Ereignis:	Es tritt bei jeder Versuchsdurchführung ein.
unmögliches Ereignis $\emptyset$:	Es tritt bei keiner Versuchsdurchführung ein.

Schreibweise von bestimmten Ereignissen:

$A \subseteq B$ (Teilereignis A von B):

Wenn A eintrifft, dann trifft sicher B ein.

$\overline{A}$ (Gegenereignis von A):

Dieses Ereignis tritt genau dann ein, wenn A nicht eintrifft.

$A \backslash B$ (Differenz von A und B):

Dieses Ereignis tritt genau dann ein, wenn A aber nicht B eintrifft.

$A \cup B$ (Vereinigung von A und B, „A oder B"):

Dieses Ereignis tritt genau dann ein, wenn entweder nur A, nur B oder A und B gemeinsam eintreten.

$A \cap B$ (Durchschnitt von A und B, „A und B"):

Dieses Ereignis tritt genau dann ein, wenn A und B gemeinsam eintreten.

Absolute Häufigkeit $\mathbf{H_n(A)}$:

Anzahl des Auftretens von Ereignis A bei n Durchführungen eines Zufallsexperiments.

Relative Häufigkeit $\mathbf{h_n(A)}$: $h_n(A) = \frac{H_n(A)}{n}$

Wahrscheinlichkeitsfunktion:

Eine Funktion P, die jedem Ereignis eine reelle Zahl zuordnet, heißt Wahrscheinlichkeitsfunktion, wenn folgende Bedingungen erfüllt sind (Axiome von Kolmogorow):

1. $0 \leq P(A) \leq 1$ für alle $A \in \Omega$
2. $P(A) \geq 0$ für alle $A \subseteq \Omega$ (Nicht-Negativität)
3. $P(\Omega) = 1$ (Normierung)
4. $P(A \cup B) = P(A) + P(B)$
   wenn $A \cap B = \emptyset$ (disjunkt) (Additivität)

Laplace-Experiment:

Ein Zufallsexperiment, bei dem alle Elementarereignisse gleich wahrscheinlich sind, heißt Laplace-Experiment. Die Wahrscheinlichkeit für das Eintreten eines Ereignisses A ist:

$$P(A) = \frac{\text{Anzahl der für } A \text{ günstigen Ergebnisse}}{\text{Anzahl der möglichen Ergebnisse}}$$

4.3 Rechnen mit Wahrscheinlichkeiten

Grundlegende Rechenregeln:

(1) Das Ereignis A enthalte die Elementarereignisse $e_1, ..., e_k$. Dann gilt: $P(A) = P(\{e_1\}) + P(\{e_2\}) + ... + P(\{e_k\})$

(2) $P(A \backslash B) = P(A) - P(A \cap B)$

(3) $P(\overline{A}) = 1 - P(A)$ (Wahrscheinlichkeit des Gegenereignisses)

(4) $P(\emptyset) = 0$ (Wahrscheinlichkeit des unmöglichen Ereignisses)

(5) $A \subseteq B \quad \Rightarrow \quad P(A) \leq P(B)$

Additionssatz: $P(A \cup B) = P(A) + P(B) - P(A \cap B)$

Bedingte Wahrscheinlichkeit:

Wahrscheinlichkeit für A, wenn B bereits eingetreten ist:

s $P(A|B) = \dfrac{P(A \cap B)}{P(B)}$ (für $P(A|B)$ auch häufig $P_B(A)$)

Multiplikationssatz:

$P(A \cap B) = P(A|B) \cdot P(B)$ mit $P(B) > 0$

$P(A \cap B) = P(B|A) \cdot P(A)$ mit $P(A) > 0$

Für die Ereignisse $A_1, A_2, ..., A_n$ mit $P(A_1 \cap ... \cap A_{n-1}) > 0$ gilt:

$$P(A_1 \cap A_2 \cap ... \cap A_n) = P(A_1) \cdot P(A_2|A_1) \cdot P(A_3|A_1 \cap A_2) \cdot ... \cdot P(A_n|A_1 \cap ... \cap A_{n-1})$$

Unabhängigkeit von zwei Ereignissen:

A und B heißen genau dann voneinander unabhänig, wenn gilt:

$P(A \cap B) = P(A) \cdot P(B) \quad \Leftrightarrow \quad P(A|B) = P(A)$ und $P(B|A) = P(B)$

Totale Wahrscheinlichkeit:

Wenn (a) $B_1 \cup B_2 \cup ... \cup B_n = \Omega$ und

(b) $B_i \cap B_j = \emptyset$ für alle $i \neq j$ erfüllt ist, dann gilt:

$P(A) = (A|B_1) \cdot P(B_1) + (A|B_2) \cdot P(B_2) + ... + (A|B_n) \cdot P(B_n)$

Formel von Bayes:

Wenn (a) $B_1 \cup B_2 \cup ... \cup B_n = \Omega$ und

(b) $B_i \cap B_j = \emptyset$ für alle $i \neq j$ erfüllt ist,

dann gilt für alle $k = 1, ..., n$:

$$P(B_k|A) = \frac{P(A|B_k)P(B_k)}{P(A|B_1) \cdot P(B_1) + ... + P(A|B_n) \cdot P(B_n)}$$

n-stufiges (mehrstufiges) Zufallsexperiment:

Die Zusammenfassung von n nacheinander ablaufenden Zufallsexperimenten zu einem einzigen Zufallsexperiment nennt man n-stufiges (mehrstufiges) Zufallsexperiment. Dies kann man in einem Baumdiagramm veranschaulichen.

1. Pfadregel (Produktregel):

Die Wahrscheinlichkeit eines Ergebnisses in einem mehrstufigen Zufallsexperiment ist gleich dem Produkt der Wahrscheinlichkeiten entlang des dazugehörigen Pfades im Baumdiagramm.

Hier gilt: $P(\{B; E; ...\}) = p_2 \cdot q_3 \cdot ...$

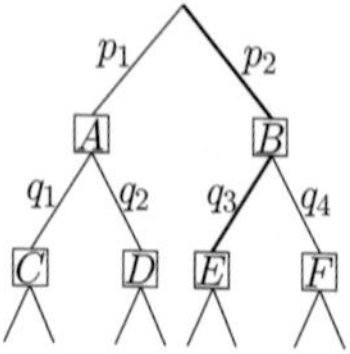

2. Pfadregel (Summenregel):

Die Wahrscheinlichkeit eines Ereignisses in einem mehrstufigen Zufallsexperiment ist gleich der Summe der Wahrscheinlichkeiten aller Pfade, bei denen das Ereignis eintritt/erfüllt ist.

4.4 Kombinatorik

Fakultät: $n! = 1 \cdot 2 \cdot 3 \cdot ... \cdot (n-1) \cdot n \qquad (n \geq 2)$

Es gilt: $0! = 1 \quad 1! = 1$

Binomialkoeffizient: („n über k“)

$$\binom{n}{k} = \frac{n(n-1) \cdot ... \cdot [n-(k-1)]}{k!} = \frac{n!}{k!(n-k)!} \qquad (0 < k \leq n)$$

Es gilt: $\binom{n}{0} = 1; \quad \binom{n}{k} = \binom{n}{n-k}; \quad \binom{n}{k} + \binom{n}{k+1} = \binom{n+1}{k+1}$

Binomischer Satz (Potenzen von Binomen):

$$(a+b)^n = \binom{n}{0}a^n + \binom{n}{1}a^{n-1}b + \binom{n}{2}a^{n-2}b^2 + ... + \binom{n}{n-1}ab^{n-1} + \binom{n}{n}b^n = \sum_{k=0}^{n}\binom{n}{k}a^{n-k}b^k$$

$(a \pm b)^0 = 1$
$(a \pm b)^1 = a \pm b$
$(a \pm b)^2 = a^2 \pm 2ab + b^2$
$(a \pm b)^3 = a^3 \pm 3a^2b + 3ab^2 \pm b^3$
$(a \pm b)^4 = a^4 \pm 4a^3b + 6a^2b^2 \pm 4ab^3 + b^4$
$(a \pm b)^5 = a^5 \pm 5a^4b + 10a^3b^2 \pm 10a^2b^3 + 5ab^4 \pm b^5$

Pascalsches Dreieck:

```
                1
            1       1
        1       2       1
    1       3       3       1
1       4       6       4       1
1   5       10      10      5       1
```


Permutationen:

Jede Anordnung von n verschiedenen Elementen, bei der alle n Elemente aufgeführt werden, heißt Permutation dieser Elemente.

Die Anzahl der Permutationen beträgt bei

- n verschiedenen Elementen: $n!$
- k verschiedenen Elementen (Gruppen) mit jeweils $n_1, n_2, ..., n_k$ gleichen Elementen: $\frac{n!}{n_1! \cdot n_2! \cdot ... \cdot n_k!}$ mit $n_1 + ... + n_k = n$

Variationen:

Als Variationen bezeichnet man die möglichen Anordnungen von k aus n verschiedenen Elementen mit Berücksichtigung der Reihenfolge.

Die Anzahl der Variationen beträgt

- ohne Zurücklegen der Elemente: $\frac{n!}{(n-k)!}$
- mit Zurücklegen der Elemente: n^k

Kombinationen:

Als Kombinationen bezeichnet man die möglichen Anordnungen von k aus n verschiedenen Elementen ohne Berücksichtigung der Reihenfolge.

Die Anzahl der Kombinationen beträgt

- ohne Zurücklegen der Elemente: $\binom{n}{k} = \frac{n!}{k!(n-k)!}$
- mit Zurücklegen der Elemente: $\binom{n+k-1}{k}$

4.5 Zufallsvariable

Definition Zufallsvariable:

Eine Zufallsvariable (Zufallsgröße) X ordnet jedem Ereignis eines Zufallsexperiments eine reelle Zahl x_i zu.

Eine *diskrete* Zufallsvariable kann in einem Intervall nur endlich viele Werte annehmen.
Eine *stetige* Zufallsvariable kann in einem Intervall beliebig viele Werte annehmen.

Wahrscheinlichkeitsverteilung:

Diese ist eine Funktion, die jedem x_i einer Zufallsvariablen eine Wahrscheinlichkeit $P(X = x_i)$ zuordnet.

Wahrscheinlichkeitsfunktion bei diskreter Zufallsvariable X:

$f(x) = P(X = x_i) = p_i \quad$ für $x = x_i$ mit $i = 1, ..., n$

Es gilt: (1) $\sum\limits_{i=1}^{n} p_i = 1$ und (2) $p_i \geq 0$

Dichtefunktion bei stetiger Zufallsvariable X:

Die Dichtefunktion ist gleich der Ableitung ihrer Verteilungsfunktion.

$$f(x) = \frac{\partial F(x)}{\partial x} \text{ mit:}$$

(1) $\int\limits_{-\infty}^{+\infty} f(x)dx = 1$ und

(2) $f(x) \geq 0 \quad \forall x \in \mathbb{R}$

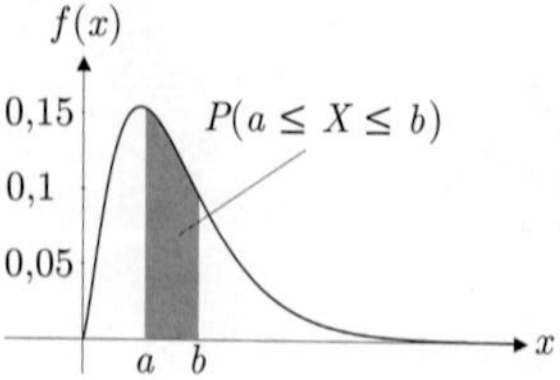

Verteilungsfunktion:

bei diskreter Zufallsvariable: $F(x) = P(X \leq x) = \sum\limits_{x_i \leq x} f(x_i)$

bei stetiger Zufallsvariable:

$$F(x) = P(X \le x) = \int_{-\infty}^{x} f(t)dt$$

mit Eigenschaften:

(1) $\lim\limits_{x \to -\infty} F(x) = 0 \qquad \lim\limits_{x \to +\infty} F(x) = 1$

(2) $F(b) - F(a) = P(a \le X \le b)$

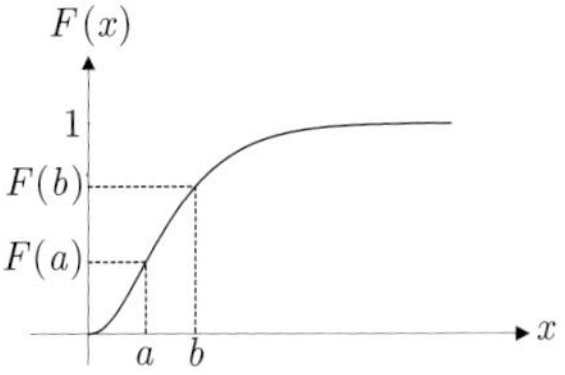

Im stetigen Fall gilt: $P(X = x) = 0 \quad \forall x \in \mathbb{R}$

Maßzahlen von Verteilungen:

Erwartungswert einer Zufallsvariablen:

im diskreten Fall: $E(X) = \mu = x_1 \cdot p_1 + x_2 \cdot p_2 + ... + x_n \cdot p_n$

$$= \sum_{i=1}^{n} x_i \cdot p_i = \sum_{i=1}^{n} x_i \cdot P(X = x_i) = \sum_{i=1}^{n} x_i \cdot f(x_i)$$

im stetigen Fall: $E(X) = \mu = \int_{-\infty}^{+\infty} x \cdot f(x)dx$

Varianz einer Zufallsvariablen:

allgemein: $V(X) = \sigma^2 = E[(X - \mu)^2] = E(X^2) - \mu^2$

im diskreten Fall:

$$V(X) = \sigma^2 = (x_1 - \mu)^2 \cdot p_1 + (x_2 - \mu)^2 \cdot p_2 + ... + (x_n - \mu)^2 \cdot p_n$$
$$= \sum_{i=1}^{n} (x_i - \mu)^2 \cdot p_i = \sum_{i=1}^{n} x_i^2 \cdot p_i - \mu^2$$

im stetigen Fall:

$$V(X) = \sigma^2 = \int_{-\infty}^{+\infty} (x - \mu)^2 \cdot f(x)dx = \int_{-\infty}^{+\infty} x^2 \cdot f(x)dx - \mu^2$$

Standardabweichung einer Zufallsvariablen: $\sigma = \sqrt{\sigma^2} = \sqrt{V(X)}$

Tschebyschewsche Ungleichung:

$$P(|X - E(X)| \ge c) \le \frac{V(X)}{c^2} \qquad \text{mit } c \in \mathbb{R} \text{ und } c \ge 0$$

4.6 Spezielle Verteilungsmodelle und Zentraler Grenzwertsatz

Diskrete Gleichverteilung:

$X \sim G(x_1, ..., x_m)$ $x_i \in \mathbb{R}$

$P(X = x_i) = 1/m$ (für alle $i = 1, ..., m$)

Falls $x_i = i$ $(i = 1, ..., m)$: (s. Grafik)

$$E(X) = \frac{m+1}{2} \qquad V(X) = \frac{m^2 - 1}{12}$$

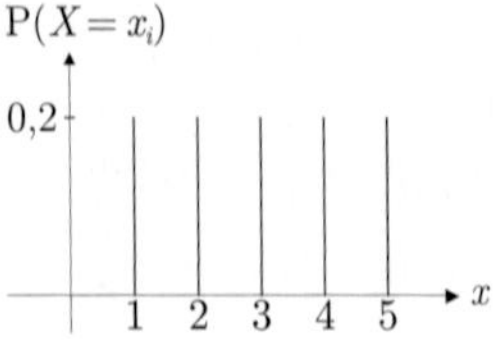

Hypergeometrische Verteilung:

$X \sim H(N; M; n)$ $N, M, n \in \mathbb{N}; n \leq M \leq N$

$$P(X = k) = \frac{\binom{M}{k}\binom{N-M}{n-k}}{\binom{N}{n}} \qquad \text{mit } 0 \leq k \leq \min(n, M)$$

$$E(X) = n \cdot \frac{M}{N} \qquad V(X) = n \cdot \frac{M}{N} \cdot \left(1 - \frac{M}{N}\right) \cdot \frac{N-n}{N-1}$$

Interpretation mit dem Urnenmodell:

M von N Kugeln in einer Urne besitzen ein bestimmtes Merkmal. Bei einer Stichprobe ohne Zurücklegen vom Umfang n ist $P(X = k)$ die Wahrscheinlichkeit dafür, dass k Kugeln dieses bestimmte Merkmal besitzen.

Bimomialverteilung:

$X \sim B(n; p)$ $n \in \mathbb{N}, 0 < p < 1$

$$P(X = k) = \binom{n}{k} p^k (1-p)^{n-k}$$

$E(X) = n \cdot p$ $V(X) = n \cdot p \cdot (1 - p)$

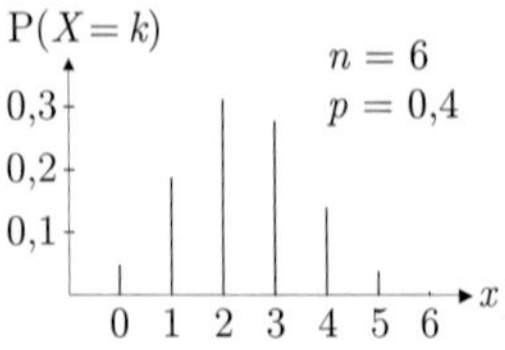

Interpretation mit dem Urnenmodell:

Der Anteil der Kugeln in einer Urne mit einem bestimmten Merkmal beträgt p. Bei einer Stichprobe mit Zurücklegen vom Umfang n ist $P(X = k)$ die Wahrscheinlichkeit dafür, dass k Kugeln dieses bestimmte Merkmal besitzen.

Bernoulli-Verteilung: Spezialfall der Binomialverteilung ($n = 1$)

$$P(X = k) = \begin{cases} 1 - p & \text{für } k = 0 \\ p & \text{für } k = 1 \end{cases}$$

$E(X) = p \qquad V(X) = p(1 - p)$

Bernoulli-Experiment:

Ein Zufallsexperiment, bei dem ein Ereignis entweder eintritt ($k = 1$ mit der Wahrscheinlichkeit p) oder nicht ($k = 0$ mit der Wahrscheinlichkeit $1 - p$), wird als Bernoulli-Experiment bezeichnet.

Bernoulli-Kette:

Die n-fache unabhängige Durchführung eines Bernoulli-Experiments bezeichnet man als eine Bernoulli-Kette der Länge n.

Wahrscheinlichkeit für genau k Treffer: $P(X = k) = \binom{n}{k} p^k (1 - p)^{n-k}$

Normalverteilung:

$X \sim N(\mu; \sigma^2) \qquad \mu \in \mathbb{R}, \sigma^2 \in \mathbb{R}^+$

$$f(x) = \frac{1}{\sigma\sqrt{2\pi}} \, e^{-\frac{1}{2}\left(\frac{x-\mu}{\sigma}\right)^2}$$

$$F(x) = \int_{-\infty}^{x} \frac{1}{\sigma\sqrt{2\pi}} \, e^{-\frac{1}{2}\left(\frac{t-\mu}{\sigma}\right)^2} dt$$

$E(X) = \mu \qquad V(X) = \sigma^2$

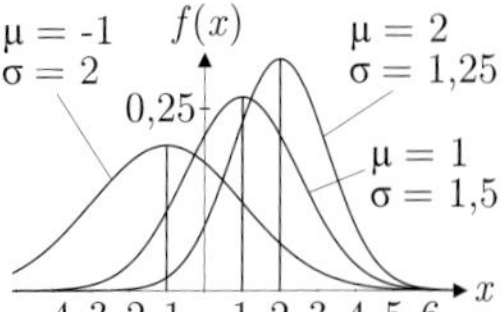

Standardnormalverteilung (Spezialfall der Normalverteilung):

$Z \sim N(0;1)$

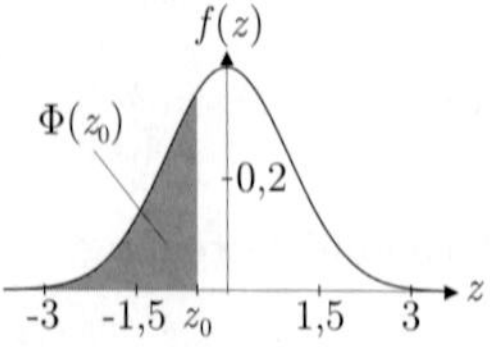

$f(z) = \varphi(z) = \frac{1}{\sqrt{2\pi}}\, e^{-\frac{1}{2}z^2}$

$\Phi(z) = \int\limits_{-\infty}^{z} \varphi(t)dt = \frac{1}{\sqrt{2\pi}} \int\limits_{-\infty}^{z} e^{-\frac{1}{2}t^2} dt$

$E(Z) = 0 \qquad V(Z) = 1$

Symmetrie: $\Phi(-z) = 1 - \Phi(z) \quad \forall z \in \mathbb{R}$

$z_\alpha = -z_{1-\alpha}$ für alle $\alpha \in \,]0;1[$

symmetrisches Intervall: $P(-k \le Z \le k) = P(|Z| \le k) = 2 \cdot \Phi(k) - 1$ mit $k \in \mathbb{R}$

Standardisierung einer normalverteilten Zufallsvariablen:

Standardisierung: $X \sim N(\mu;\sigma^2) \quad \Rightarrow \quad Z = \frac{X-\mu}{\sigma} \sim N(0;1)$

Durch die Standardisierung kann jede beliebig normalverteilte Zufallsvariable X in eine standardnormalverteilte Zufallsvariable Z mit den Parametern $\mu = 0$ und $\sigma = 1$ umgewandelt werden.

Verteilungsfunktion: $\Phi(z) = \Phi\left(\frac{x-\mu}{\sigma}\right) = P(Z \le z) = P(X \le x)$

Wahrscheinlichkeiten: $P(X \le b) = \Phi\left(\frac{b-\mu}{\sigma}\right)$

$P(X > a) = 1 - \Phi\left(\frac{a-\mu}{\sigma}\right)$

$P(a < X \le b) = \Phi\left(\frac{b-\mu}{\sigma}\right) - \Phi\left(\frac{a-\mu}{\sigma}\right)$

$k\sigma$-Regeln:

Wenn $X \sim (\mu;\sigma^2)$, dann gilt:

$P(\mu - \sigma \le X \le \mu + \sigma) \approx 0,683$
$P(\mu - 2\sigma \le X \le \mu + 2\sigma) \approx 0,954$
$P(\mu - 3\sigma \le X \le \mu + 3\sigma) \approx 0,997$

Zentraler Grenzwertsatz:

Bedingungen:

Die Zufallsvariablen $X_1, ..., X_n$ sind unabhängig und identisch verteilt (nicht notwendigerweise normalverteilt) mit Erwartungswert μ und Varianz σ^2.

Der Zentrale Grenzwertsatz besagt Folgendes:

$$Z = \frac{X_1 + ... + X_n - n \cdot \mu}{\sigma\sqrt{n}} = \frac{\sum\limits_{i=1}^{n} X_i - n \cdot \mu}{\sigma\sqrt{n}} \qquad \overset{n \to \infty}{\longrightarrow} \qquad Z \sim N(0; 1)$$

Es gilt also: $\lim\limits_{n \to \infty} P(Z \leq z) = \Phi(z)$

Approximation durch die Normalverteilung:

$X_1 + X_2 + ... + X_n \quad \overset{app.}{\sim} \quad N(n\mu; n\sigma^2)$ (n ist hinreichend groß)

Das bedeutet, dass die Summe der Zufallsvariablen $X_1, X_2, ..., X_n$ für hinreichend große n (die Angaben für n sind nicht einheitlich; n zwischen 30 und 100) approximativ normalverteilt ist.

4.7 Näherungsformeln für die Binomialverteilung

Näherungsformel von Poisson:

Wenn p sehr klein und n sehr groß ist, dann gilt für $X \sim B(n; p)$:

$$P(X = k) = \binom{n}{k} p^k \cdot (1-p)^{n-k} \approx \frac{\mu^k \cdot e^{-\mu}}{k!} \quad \text{mit } \mu = np$$

Näherungsformel von De Moivre-Laplace:

Wenn $np(1-p) \geq 9$ ist, dann gilt für $X \sim B(n; p)$:

$$P(X = k) \approx \frac{1}{\sigma} \cdot \varphi\left(\frac{k-\mu}{\sigma}\right) \quad \text{mit } \mu = np \text{ und } \sigma = \sqrt{np(1-p)}$$

$$P(X \leq k) \approx \Phi\left(\frac{k + 0,5 - \mu}{\sigma}\right) \quad \text{mit } \mu = np \text{ und } \sigma = \sqrt{np(1-p)}$$

4.8 Konfidenzintervalle

Ein Konfidenzintervall mit dem Konfidenzniveau $1-\alpha$ überdeckt mit der Wahrscheinlichkeit $1-\alpha$ den unbekannten Parameter.

n_{min} ist der Mindesstichprobenumfang für ein Konfidenzintervall mit Niveau $1-\alpha$, das höchstens die Breite l hat.

$\overline{X} = \frac{1}{n}\sum_{i=1}^{n} X_i$ (Schätzwert für μ aus der Stichprobe)

$z_{1-\alpha/2}$: $(1-\alpha/2)$-Quantil der Standardnormalverteilung → s. Tabelle

Konfidenzintervall für den Erwartungswert μ:

Bedingungen: X ist normalverteilt, σ ist bekannt, n beliebig:

$$\left[\overline{X} - z_{1-\alpha/2}\,\frac{\sigma}{\sqrt{n}} \quad ; \quad \overline{X} + z_{1-\alpha/2}\,\frac{\sigma}{\sqrt{n}}\right] \qquad \text{(Konfidenzniveau } 1-\alpha)$$

$$n_{min} = \left(\frac{2\cdot z_{1-\alpha/2}\cdot\sigma}{l}\right)^2$$

Bedingungen: X ist normalverteilt, σ ist unbekannt $n \geq 100$:

$$\left[\overline{X} - z_{1-\alpha/2}\,\frac{S}{\sqrt{n}} \quad ; \quad \overline{X} + z_{1-\alpha/2}\,\frac{S}{\sqrt{n}}\right] \qquad \text{(Konfidenzniveau } \approx 1-\alpha)$$

mit $S = \sqrt{\frac{1}{n}\sum_{i=1}^{n}(X_i - \overline{X})^2}$ (Schätzwert für σ)

Bedingungen: X ist nicht normalverteilt, σ ist bekannt, $n \geq 30$:

$$\left[\overline{X} - z_{1-\alpha/2}\,\frac{\sigma}{\sqrt{n}} \quad ; \quad \overline{X} + z_{1-\alpha/2}\,\frac{\sigma}{\sqrt{n}}\right] \qquad \text{(Konfidenzniveau } \approx 1-\alpha)$$

$$n_{min} = \max\left\{30, \left(\frac{2\cdot z_{1-\alpha/2}\cdot\sigma}{l}\right)^2\right\}$$

Konfidenzintervall für den Anteilswert p:

Bedingung: $n \cdot p^*(1-p^*) \geq 9$

mit $p^* = \frac{1}{n}\sum_{i=1}^{n} X_i$ wobei $X_i \sim B(1;p)$ (p^* ist Schätzwert für p)

Konfidenzintervall mit Konfidenzniveau $\approx 1-\alpha$:

$$\left[p^* - z_{1-\alpha/2}\sqrt{\frac{p^*(1-p^*)}{n}} \quad ; \quad p^* + z_{1-\alpha/2}\sqrt{\frac{p^*(1-p^*)}{n}}\right]$$

$$n_{min} = \max\left\{\frac{9}{p^*(1-p^*)}, \frac{4 \cdot z_{1-\alpha/2}^2 \cdot p^*(1-p^*)}{l^2}\right\}$$

Konfidenzintervall für eine Anzahl:

Die Vorgehensweise ist identisch wie beim Anteilswert p. Das Konfidenzintervall für die Anzahl $N \cdot p$ wird bestimmt, indem zusätzlich die Grenzen mit N multipliziert werden.

Konfidenzintervall für die Anzahl mit Konfidenzniveau $\approx 1-\alpha$:

$$\left[N \cdot \left(p^* - z_{1-\alpha/2}\sqrt{\frac{p^*(1-p^*)}{n}}\right) \quad ; \quad N \cdot \left(p^* + z_{1-\alpha/2}\sqrt{\frac{p^*(1-p^*)}{n}}\right)\right]$$

$$n_{min} = \max\left\{\frac{9}{p^*(1-p^*)}, \frac{4N^2 \cdot z_{1-\alpha/2}^2 \cdot p^*(1-p^*)}{l^2}\right\}$$

4.9 Hypothesentests

Vorgehen beim Hypothesentest:

(1) Formulierung der Nullhypothese H_0 und der logisch entgegengesetzten Alternativhypothese (Gegenhypothese) H_1

(2) Festlegung der Irrtumswahrscheinlichkeit (des Signifikanzniveaus) α

(3) Bestimmung des Ablehungsbereichs A (Verwerfungsbereich, kritischer Bereich)

(4) H_0 wird abgelehnt, wenn der aus der Stichprobe ermittelte Wert in den Ablehungsbereich fällt. Ansonsten wird H_0 angenommen.

Fehler beim Testen von Hypothesen:

	H_0 ist wirklich wahr	H_1 ist wirklich wahr
H_0 wird angenommen	richtige Entscheidung	Fehler 2. Art Wahrscheinlichkeit: β
H_0 wird abgelehnt (Annahme von H_1)	Fehler 1. Art Wahrscheinlichkeit: α	richtige Entscheidung

$P(H_0 \text{ wird abgelehnt} | H_0 \text{ ist wahr}) = \alpha$

$P(H_0 \text{ wird angenommen} | H_1 \text{ ist wahr}) = \beta$

Zweiseitige und einseitige Tests:

zweiseitiger Test:

Nullhypothese: $H_0 : \theta = \theta_0$

Alternativhypothese: $H_1 : \theta \neq \theta_0$

Ablehnungsbereich bei Verwendung der Standardnormalverteilung:

$A = \left\{ t \in \mathbb{R} | \quad |t| > z_{1-\alpha/2} \right\}$

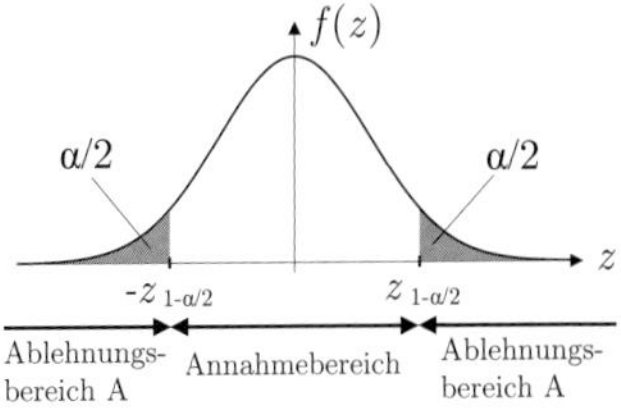

linksseitiger Test:

Nullhypothese: $H_0 : \theta \geq \theta_0$

Alternativhypothese: $H_1 : \theta < \theta_0$

Ablehnungsbereich bei Verwendung der Standardnormalverteilung:

$A = \{ t \in \mathbb{R} | \quad t < -z_{1-\alpha} \}$

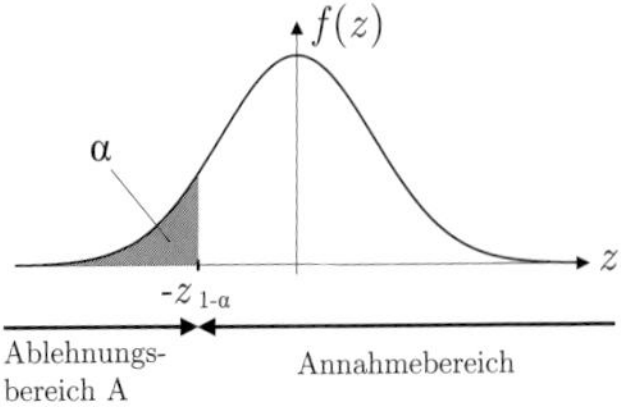

rechtsseitiger Test:

Nullhypothese: $H_0 : \theta \leq \theta_0$

Alternativhypothese: $H_1 : \theta > \theta_0$

Ablehnungsbereich bei Verwendung der Standardnormalverteilung:

$A = \{t \in \mathbb{R} | \quad t > z_{1-\alpha}\}$

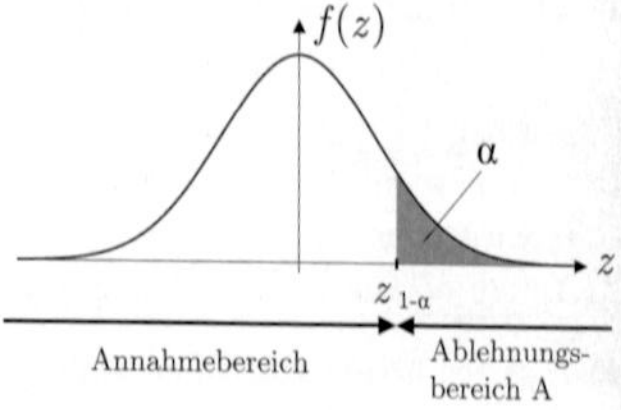

Binomialtest (Test auf den Anteilswert p):

zweiseitiger Test:

Hypothesen: $H_0 : p = p_0 \quad H_1 : p \neq p_0$

Ablehungsbereich: $A = \{0; 1; ...; c_l\} \cup \{c_r; c_{r+1}; ...; n\}$
Dabei ist c_l die größte und c_r die kleinste Zahl, für die gilt:

$$P_{n;p_0}(X \leq c_l) = \sum_{i=0}^{c_l} \binom{n}{i} p_0^i (1-p_0)^{n-i} \leq \frac{\alpha}{2}$$

$$P_{n;p_0}(X \geq c_r) = \sum_{i=c_r}^{n} \binom{n}{i} p_0^i (1-p_0)^{n-i} \leq \frac{\alpha}{2}$$

Entscheidung: Ablehnung von H_0, wenn in der Stichprobe die Anzahl der Objekte, die das zu untersuchende Merkmal (mit der unbekannten Eintrittswahrscheinlichkeit p) besitzen, Element des Ablehnungsbereichs ist. Ansonsten wird H_0 angenommen.

linksseitiger Test:

Hypothesen: $H_0 : p \geq p_0 \quad H_1 : p < p_0$

Ablehungsbereich: $A = \{0; 1; ...; c\}$
Dabei ist c die möglichst größte Zahl, für die gilt:

$$P_{n;p_0}(X \leq c) = \sum_{i=0}^{c} \binom{n}{i} p_0^i (1-p_0)^{n-i} \leq \alpha$$

Entscheidung: siehe zweiseitiger Test

rechtsseitiger Test:

Hypothesen: $H_0 : p \leq p_0 \quad H_1 : p > p_0$

Ablehungsbereich: $A = \{c; c+1; ...; n\}$
Dabei ist c die möglichst kleinste Zahl, für die gilt:

$$P_{n;p_0}(X \geq c) = \sum_{i=c}^{n} \binom{n}{i} p_0^i (1-p_0)^{n-i} \leq \alpha$$

Entscheidung: siehe zweiseitiger Test

Test auf den Erwartungswert μ:

Hypothesen:

a) $H_0 : \mu = \mu_0$
$H_1 : \mu \neq \mu_0$

b) $H_0 : \mu \leq \mu_0$
$H_1 : \mu > \mu_0$

c) $H_0 : \mu \geq \mu_0$
$H_1 : \mu < \mu_0$

Annahmen:

X ist normalverteilt, σ ist bekannt, n ist beliebig (Gauß-Test)

Entscheidung: Ablehnung von H_0, wenn

a) $|T| > z_{1-\alpha/2}$ b) $T > z_{1-\alpha}$ c) $T < -z_{1-\alpha}$

mit: $$T = \frac{\frac{X_1+X_2+...+X_n}{n} - \mu_0}{\sigma} \cdot \sqrt{n} = \frac{\overline{X} - \mu_0}{\sigma} \cdot \sqrt{n}$$

5 Aussagenlogik

Die Aussagevariablen p und q können entweder wahr (w) oder falsch (f) sein.

Verknüpfung von Aussagen:

Negation	$\neg p$	nicht p
Konjunktion	$p \wedge q$	p und q; sowohl p als auch q
Disjunktion	$p \vee q$	p oder q (nicht ausschließendes oder)
Alternative	$p \oplus q$	entweder p oder q (ausschließendes oder)
Implikation	$p \Rightarrow q$	wenn p, dann q
Äquivalenz	$p \Leftrightarrow q$	p äquivalent zu q

Es gelten folgende Zusammenhänge:

$p \oplus q = (p \wedge \neg q) \vee (\neg p \wedge q)$ $\qquad p \Rightarrow q = \neg p \vee q$

$p \Leftrightarrow q = (p \wedge q) \vee (\neg p \wedge \neg q)$

Wahrheitswertetafel:

p	q	$\neg p$	$\neg q$	$p \wedge q$	$p \vee q$	$p \oplus q$	$p \Rightarrow q$	$p \Leftrightarrow q$
w	w	f	f	w	w	f	w	w
w	f	f	w	f	w	w	f	f
f	w	w	f	f	w	w	w	f
f	f	w	w	f	f	f	w	w

6 Komplexe Zahlen

6.1 Darstellungsweisen

Normalform:

$z = a + bi$ mit $a, b \in \mathbb{R}$ und $i^2 = -1$

a : Realteil von z ($Re\ z$)

b : Imaginärteil von z ($Im\ z$)

Die zu z konjugierte komplexe Zahl lautet:

$\overline{z} = a - bi$

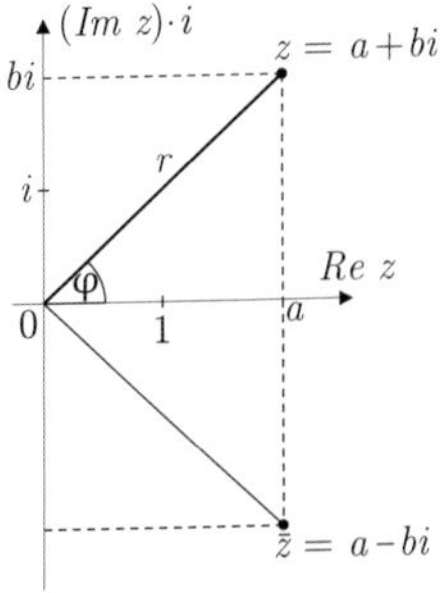

Polarform:

$z = r \cdot (\cos(\varphi) + \sin(\varphi) \cdot i)$

mit $r \geq 0$ und $i^2 = -1$

Exponentialform:

$z = r \cdot e^{i\varphi}$ (φ im Bogenmaß) $\qquad$ mit $e^{i\varphi} = \cos(\varphi) + i \cdot \sin(\varphi)$

Zusammenhänge zwischen den Darstellungsformen:

$r = \sqrt{a^2 + b^2} \qquad \sin(\varphi) = \frac{b}{r} \qquad \cos(\varphi) = \frac{a}{r} \qquad \tan(\varphi) = \frac{b}{a}$

6.2 Rechnen mit komplexen Zahlen

Rechnen mit der Normalform:

Gegeben: $z_1 = a_1 + b_1 i$ und $z_2 = a_2 + b_2 i$

$z_1 \pm z_2 = (a_1 \pm a_2) + (b_1 \pm b_2) \cdot i$

$z_1 \cdot z_2 = (a_1 \cdot a_2 - b_1 \cdot b_2) + (a_1 \cdot b_2 + a_2 \cdot b_1) \cdot i$

$$\frac{z_1}{z_2} = \frac{a_1 a_2 + b_1 b_2 + (b_1 a_2 - a_1 b_2) \cdot i}{a_2^2 + b_2^2} \qquad (z_2 \neq 0 + 0i)$$

$|z_1| = \sqrt{a_1^2 + b_1^2}$ bzw. $|z_2| = \sqrt{a_2^2 + b_2^2}$

Rechnen mit der Polarform:

Gegeben: $z_1 = r_1(\cos(\varphi_1) + \sin(\varphi_1) \cdot i)$ und
$z_2 = r_2(\cos(\varphi_2) + \sin(\varphi_2) \cdot i)$

$z_1 \pm z_2 = (r_1 \cos(\varphi_1) \pm r_2 \cos(\varphi_2)) + (r_1 \sin(\varphi_1) \pm r_2 \sin(\varphi_2)) \cdot i$

$z_1 \cdot z_2 = r_1 r_2 \cdot [\cos(\varphi_1 + \varphi_2) + \sin(\varphi_1 + \varphi_2) \cdot i]$

$$\frac{z_1}{z_2} = \frac{r_1}{r_2} \cdot [\cos(\varphi_1 - \varphi_2) + \sin(\varphi_1 - \varphi_2) \cdot i] \qquad (z_2 \neq 0 + 0i)$$

$|z_1| = r_1$ bzw. $|z_2| = r_2$

Rechnen mit der Exponentialform:

Gegeben: $z_1 = r_1 \cdot e^{i\varphi_1}$ und $z_2 = r_2 \cdot e^{i\varphi_2}$

$z_1 \cdot z_2 = r_1 \cdot r_2 \cdot e^{i(\varphi_1 + \varphi_2)}$

$$\frac{z_1}{z_2} = \frac{r_1}{r_2} \cdot e^{i(\varphi_1 - \varphi_2)} \qquad (z_2 \neq 0 + 0i)$$

$z^n = r^n \cdot e^{i \cdot n\varphi} = r^n \cdot (\cos(n\varphi) + \sin(n\varphi) \cdot i)$ (Moivre'sche Formel)

Summierte Binomialverteilung: $P(X \leq k) = \sum_{i=0}^{k} \binom{n}{i} p^i (1-p)^{n-i}$

n	k		0,02	0,05	0,1	1/6	0,2	0,25	0,3	1/3	0,4	0,5
1	0	0,	9800	9500	9000	8333	8000	7500	7000	6667	6000	5000
2	0	0,	9604	9025	8100	6944	6400	5625	4900	4444	3600	2500
	1		9996	9975	9900	9722	9600	9375	9100	8889	8400	7500
3	0	0,	9412	8574	7290	5787	5120	4219	3430	2963	2160	1250
	1		9988	9928	9720	9259	8960	8438	7840	7407	6480	5000
	2			9999	9990	9954	9920	9844	9730	9630	9360	8750
4	0	0,	9224	8145	6561	4823	4096	3164	2401	1975	1296	0625
	1		9977	9860	9477	8681	8192	7383	6517	5926	4752	3125
	2			9995	9963	9838	9728	9492	9163	8889	8208	6875
	3				9999	9992	9984	9961	9919	9877	9744	9375
5	0	0,	9039	7738	5905	4019	3277	2373	1681	1317	0778	0313
	1		9962	9774	9185	8038	7373	6328	5282	4609	3370	1875
	2		9999	9988	9914	9645	9421	8965	8369	7901	6826	5000
	3				9995	9967	9933	9844	9692	9547	9130	8125
	4					9999	9997	9990	9976	9959	9898	9688
6	0	0,	8858	7351	5314	3349	2621	1780	1176	0878	0467	0156
	1		9943	9672	8857	7368	6554	5339	4202	3512	2333	1094
	2		9998	9978	9842	9377	9011	8306	7443	6804	5443	3438
	3			9999	9987	9913	9830	9624	9295	8999	8208	6563
	4				9999	9993	9984	9954	9891	9822	9590	8906
	5						9999	9998	9993	9986	9959	9844
7	0	0,	8681	6983	4783	2791	2097	1335	0824	0585	0280	0078
	1		9921	9556	8503	6698	5767	4449	3294	2634	1586	0625
	2		9997	9962	9743	9042	8520	7564	6471	5706	4199	2266
	3			9998	9973	9824	9667	9294	8740	8267	7102	5000
	4				9998	9980	9953	9871	9712	9547	9037	7734
	5					9999	9996	9987	9962	9931	9812	9375
	6							9999	9998	9995	9984	9922

nicht aufgeführte Werte sind gleich 1,0000 (bei Rundung auf vier Dezimalstellen)

Es gilt: $P_{n;p}(X = k) = P_{n;p}(X \leq k) - P_{n;p}(X \leq k-1)$

Für $p \geq 0,5$ gilt: $P_{n;p}(X \leq k) = 1 - P_{n;1-p}(X \leq n-k-1)$

Summierte Binomialverteilung: $P(X \leq k) = \sum_{i=0}^{k} \binom{n}{i} p^i (1-p)^{n-i}$

			p									
n	k		0,02	0,05	0,1	1/6	0,2	0,25	0,3	1/3	0,4	0,5
8	0	0,	8508	6634	4305	2326	1678	1001	0576	0390	0168	0039
	1		9897	9428	8131	6047	5033	3671	2553	1951	1064	0352
	2		9996	9942	9619	8652	7969	6785	5518	4682	3154	1445
	3			9996	9950	9693	9437	8862	8059	7414	5941	3633
	4				9996	9954	9896	9727	9420	9121	8263	6367
	5					9996	9988	9958	9887	9803	9502	8555
	6						9999	9996	9987	9974	9915	9648
	7								9999	9998	9993	9961
9	0	0,	8337	6302	3874	1938	1342	0751	0404	0260	0101	0020
	1		9869	9288	7748	5427	4362	3003	1960	1431	0705	0195
	2		9994	9916	9470	8217	7382	6007	4628	3772	2318	0898
	3			9994	9917	9520	9144	8343	7297	6503	4826	2539
	4				9991	9910	9804	9511	9012	8552	7334	5000
	5				9999	9989	9969	9900	9747	9576	9006	7461
	6					9999	9997	9987	9957	9917	9750	9102
	7							9999	9996	9990	9962	9805
	8									9999	9997	9980
10	0	0,	8171	5987	3487	1615	1074	0563	0282	0173	0060	0010
	1		9838	9139	7361	4845	3758	2440	1493	1040	0464	0107
	2		9991	9885	9298	7752	6778	5256	3828	2991	1673	0547
	3			9990	9872	9303	8791	7759	6496	5593	3823	1719
	4			9999	9984	9845	9672	9219	8497	7869	6331	3770
	5				9999	9976	9936	9803	9527	9234	8338	6230
	6					9997	9991	9965	9894	9803	9452	8281
	7						9999	9996	9984	9966	9877	9453
	8								9999	9996	9983	9893
	9										9999	9990

nicht aufgeführte Werte sind gleich 1,0000 (bei Rundung auf vier Dezimalstellen)

Es gilt: $P_{n;p}(X = k) = P_{n;p}(X \leq k) - P_{n;p}(X \leq k-1)$

Für $p \geq 0,5$ gilt: $P_{n;p}(X \leq k) = 1 - P_{n;1-p}(X \leq n-k-1)$

Bauhaus-Universität Weimar
VIRTUELLE WELTEN ERSCHAFFEN
PASSWÖRTER KNACKEN
INTERFACES REVOLUTIONIEREN
APPS ENTWICKELN
DATENSCHÄTZE HEBEN
htc
MEDIENINFORMATIK
Bachelor of Science
www.medieninformatik-in-weimar.de

Summierte Binomialverteilung: $P(X \leq k) = \sum_{i=0}^{k} \binom{n}{i} p^i (1-p)^{n-i}$

			p									
n	k		0,02	0,05	0,1	1/6	0,2	0,25	0,3	1/3	0,4	0,5
15	0	0,	7386	4633	2059	0649	0352	0134	0047	0023	0005	0000
	1		9647	8290	5490	2596	1671	0802	0353	0194	0052	0005
	2		9970	9638	8159	5322	3980	2361	1268	0794	0271	0037
	3		9998	9945	9444	7685	6482	4613	2969	2092	0905	0176
	4			9994	9873	9102	8358	6865	5155	4041	2173	0592
	5			9999	9978	9726	9389	8516	7216	6184	4032	1509
	6				9997	9934	9819	9434	8689	7970	6098	3036
	7					9987	9958	9827	9500	9118	7869	5000
	8					9998	9992	9958	9848	9692	9050	6964
	9						9999	9992	9963	9915	9662	8491
	10							9999	9993	9982	9907	9408
	11								9999	9997	9981	9824
	12										9997	9963
	13											9995
20	0	0,	6676	3585	1216	0261	0115	0032	0008	0003	0000	0000
	1		9401	7358	3917	1304	0692	0243	0076	0033	0005	0000
	2		9929	9245	6769	3287	2061	0913	0355	0176	0036	0002
	3		9994	9841	8670	5665	4114	2252	1071	0604	0160	0013
	4			9974	9568	7687	6296	4148	2375	1515	0510	0059
	5			9997	9887	8982	8042	6172	4164	2972	1256	0207
	6				9976	9629	9133	7858	6080	4793	2500	0577
	7				9996	9887	9679	8982	7723	6615	4159	1316
	8				9999	9972	9900	9591	8867	8095	5956	2517
	9					9994	9974	9861	9520	9081	7553	4119
	10					9999	9994	9961	9829	9624	8725	5881
	11						9999	9991	9949	9870	9435	7483
	12							9998	9987	9963	9790	8684
	13								9997	9991	9935	9423
	14									9998	9984	9793
	15										9997	9941
	16											9987
	17											9998

nicht aufgeführte Werte sind gleich 1,0000 (bei Rundung auf vier Dezimalstellen)

Es gilt: $P_{n;p}(X = k) = P_{n;p}(X \leq k) - P_{n;p}(X \leq k-1)$

Für $p \geq 0,5$ gilt: $P_{n;p}(X \leq k) = 1 - P_{n;1-p}(X \leq n-k-1)$

Summierte Binomialverteilung: $P(X \leq k) = \sum_{i=0}^{k} \binom{n}{i} p^i (1-p)^{n-i}$

			p									
n	k		0,02	0,05	0,1	1/6	0,2	0,25	0,3	1/3	0,4	0,5
25	0	0,	6035	2774	0718	0105	0038	0008	0001	0000	0000	0000
	1		9114	6424	2712	0629	0274	0070	0016	0005	0001	0000
	2		9868	8729	5371	1887	982	0321	0090	0035	0004	0000
	3		9986	9659	7636	3816	2340	0962	0332	0149	0024	0001
	4		9999	9928	9020	5937	4207	2137	0905	0462	0095	0005
	5			9988	9666	7720	6167	3783	1935	1120	0294	0020
	6			9998	9905	8908	7800	5611	3407	2215	0736	0073
	7				9977	9553	8909	7265	5118	3703	1536	0216
	8				9995	9843	9532	8506	6769	5376	2735	0539
	9				9999	9953	9827	9287	8106	6956	4246	1148
	10					9988	9944	9703	9022	8220	5858	2122
	11					9997	9985	9893	9558	9082	7323	3450
	12					9999	9996	9966	9825	9585	8462	5000
	13						9999	9991	9940	9836	9222	6550
	14							9998	9982	9944	9656	7878
	15								9995	9984	9868	8852
	16								9999	9996	9957	9461
	17									9999	9988	9784
	18										9997	9927
	19										9999	9980
	20											9995
	21											9999
50	0	0,	3642	0769	0052	0001	0000	0000	0000	0000	0000	0000
	1		7358	2794	0338	0012	0002	0000	0000	0000	0000	0000
	2		9216	5405	1117	0066	0013	0001	0000	0000	0000	0000
	3		9822	7604	2503	0238	0057	0005	0000	0000	0000	0000
	4		9968	8964	4312	0643	0185	0021	0002	0000	0000	0000
	5		9995	9622	6161	1388	0480	0070	0007	0001	0000	0000
	6		9999	9882	7702	2506	1034	0194	0025	0005	0000	0000
	7			9968	8779	3911	1904	0453	0073	0017	0001	0000
	8			9992	9421	5421	3073	0916	0183	0050	0002	0000
	9			9998	9755	6830	4437	1637	0402	0127	0008	0000

nicht aufgeführte Werte sind gleich 1,0000 (bei Rundung auf vier Dezimalstellen)

Es gilt: $P_{n;p}(X = k) = P_{n;p}(X \leq k) - P_{n;p}(X \leq k-1)$

Für $p \geq 0,5$ gilt: $P_{n;p}(X \leq k) = 1 - P_{n;1-p}(X \leq n-k-1)$

Summierte Binomialverteilung: $P(X \leq k) = \sum_{i=0}^{k} \binom{n}{i} p^i (1-p)^{n-i}$

		p									
n	k	0,02	0,05	0,1	1/6	0,2	0,25	0,3	1/3	0,4	0,5
50	10			9906	7986	5836	2622	0789	0284	0022	0000
	11			9968	8827	7107	3816	1390	0570	0057	0000
	12			9990	9373	8139	5110	2229	1035	0133	0002
	13			9997	9693	8894	6370	3279	1715	0280	0005
	14			9999	9862	9393	7481	4468	2612	0540	0013
	15				9943	9692	8369	5692	3690	0955	0033
	16				9978	9856	9017	6839	4868	1561	0077
	17				9992	9937	9449	7822	6046	2369	0164
	18				9997	9975	9713	8594	7126	3356	0325
	19				9999	9991	9861	9152	8036	4465	0595
	20					9997	9937	9522	8741	5610	1013
	21					9999	9974	9749	9244	6701	1611
	22						9990	9877	9576	7660	2399
	23						9996	9944	9778	8438	3359
	24						9999	9976	9892	9022	4439
	25							9991	9951	9427	5561
	26							9997	9979	9686	6641
	27							9999	9992	9840	7601
	28								9997	9924	8389
	29								9999	9966	8987
	30									9986	9405
	31									9995	9675
	32									9998	9836
	33									9999	9923
	34										9967
	35										9987
	36										9995
	37										9998

nicht aufgeführte Werte sind gleich 1,0000 (bei Rundung auf vier Dezimalstellen)

Es gilt: $P_{n;p}(X = k) = P_{n;p}(X \leq k) - P_{n;p}(X \leq k-1)$

Für $p \geq 0,5$ gilt: $P_{n;p}(X \leq k) = 1 - P_{n;1-p}(X \leq n-k-1)$

Standardnormalverteilung - Verteilungsfunktion $\Phi(z)$

z		..,.0	..,.1	..,.2	..,.3	..,.4	..,.5	..,.6	..,.7	..,.8	..,.9
0,0	0,	5000	5040	5080	5120	5160	5199	5239	5279	5319	5359
0,1		5398	5438	5478	5517	5557	5596	5636	5675	5714	5753
0,2		5793	5832	5871	5910	5948	5987	6026	6064	6103	6141
0,3		6179	6217	6255	6293	6331	6368	6406	6443	6480	6517
0,4		6554	6591	6628	6664	6700	6736	6772	6808	6844	6879
0,5		6915	6950	6985	7019	7054	7088	7123	7157	7190	7224
0,6		7257	7291	7324	7357	7389	7422	7454	7486	7517	7549
0,7		7580	7611	7642	7673	7704	7734	7764	7794	7823	7852
0,8		7881	7910	7939	7967	7995	8023	8051	8078	8106	8133
0,9		8159	8186	8212	8238	8264	8289	8315	8340	8365	8389
1,0	0,	8413	8438	8461	8485	8508	8531	8554	8577	8599	8621
1,1		8643	8665	8686	8708	8729	8749	8770	8790	8810	8830
1,2		8849	8869	8888	8907	8925	8944	8962	8980	8997	9015
1,3		9032	9049	9066	9082	9099	9115	9131	9147	9162	9177
1,4		9192	9207	9222	9236	9251	9265	9279	9292	9306	9319
1,5		9332	9345	9357	9370	9382	9394	9406	9418	9429	9441
1,6		9452	9463	9474	9484	9495	9505	9515	9525	9535	9545
1,7		9554	9564	9573	9582	9591	9599	9608	9616	9625	9633
1,8		9641	9649	9656	9664	9671	9678	9686	9693	9699	9706
1,9		9713	9719	9726	9732	9738	9744	9750	9756	9761	9767
2,0	0,	9772	9778	9783	9788	9793	9798	9803	9808	9812	9817
2,1		9821	9826	9830	9834	9838	9842	9846	9850	9854	9857
2,2		9861	9864	9868	9871	9875	9878	9881	9884	9887	9890
2,3		9893	9896	9898	9901	9904	9906	9909	9911	9913	9916
2,4		9918	9920	9922	9925	9927	9929	9931	9932	9934	9936
2,5		9938	9940	9941	9943	9945	9946	9948	9949	9951	9952
2,6		9953	9955	9956	9957	9959	9960	9961	9962	9963	9964
2,7		9965	9966	9967	9968	9969	9970	9971	9972	9973	9974
2,8		9974	9975	9976	9977	9977	9978	9979	9979	9980	9981
2,9		9981	9982	9982	9983	9984	9984	9985	9985	9986	9986
3,0	0,	9987	9987	9987	9988	9988	9989	9989	9989	9990	9990
3,1		9990	9991	9991	9991	9992	9992	9992	9992	9993	9993
3,2		9993	9993	9994	9994	9994	9994	9994	9995	9995	9995
3,3		9995	9995	9995	9996	9996	9996	9996	9996	9996	9997
3,4		9997	9997	9997	9997	9997	9997	9997	9997	9997	9998

Für $z \geq 3,90$ gilt: $\Phi(z) = 1,0000$ (bei Rundung auf vier Dezimalstellen)

Es gilt: $\Phi(-z) = 1 - \Phi(z)$

dnormalverteilung - Quantile z_p

p	z_p	p	z_p	p	z_p
0,0001	-3,7190	0,2750	-0,5978	0,7500	0,6745
0,0005	-3,2905	0,3000	-0,5244	0,7750	0,7554
0,0010	-3,0902	0,3250	-0,4538	0,8000	0,8416
0,0050	-2,5758	0,3500	-0,3853	0,8250	0,9346
0,0100	-2,3263	0,3750	-0,3186	0,8500	1,0364
0,0200	-2,0537	0,4000	-0,2533	0,8750	1,1503
0,0250	-1,9600	0,4250	-0,1891	0,9000	1,2816
0,0300	-1,8808	0,4500	-0,1257	0,9250	1,4395
0,0400	-1,7507	0,4750	-0,0627	0,9400	1,5548
0,0500	-1,6449	0,5000	0,0000	0,9500	1,6449
0,0600	-1,5548	0,5250	0,0627	0,9600	1,7507
0,0750	-1,4395	0,5500	0,1257	0,9700	1,8808
0,1000	-1,2816	0,5750	0,1891	0,9750	1,9600
0,1250	-1,1503	0,6000	0,2533	0,9800	2,0537
0,1500	-1,0364	0,6250	0,3186	0,9900	2,3263
0,1750	-0,9346	0,6500	0,3853	0,9950	2,5758
0,2000	-0,8416	0,6750	0,4538	0,9990	3,0902
0,2250	-0,7554	0,7000	0,5244	0,9995	3,2905
0,2500	-0,6745	0,7250	0,5978	0,9999	3,7190

Wir haben 2.000 Möglich-
keiten für deine Zukunft.
STARTE DEIN SIEMENS
AUSBILDUNG
DUALES STUDIUM
Bewirb dich jetzt bei einem der größten Arbeitgeber Europas und sichere dir noch dieses Jahr einen von rund 2.000 AUS-BILDUNGS- UND DUALEN STUDIENPLÄTZEN bei Siemens.
Ob technischer, kaufmännischer oder IT-Beruf – absolviere an einem von rund 40 STANDORTEN IN DEUTSCHLAND eine AUSBILDUNG oder einen DUALEN STUDIENGANG deiner Wahl.
ENTSCHEIDE DICH JETZT UND STARTE DEIN SIEMENS!
siemens.de/ausbildung
StarteDeinSiemens.de
facebook.com/StarteDeinSiemens
Youtube.com/siemens
kununu.com/siemens
SIEMENS

Stichwortverzeichnis

